——安徽湿地——

植物图说

ANHUI SHIDI ZHIWU TUSHUO

吴惠敏　编著

全国百佳图书出版单位
时代出版传媒股份有限公司
黄　山　书　社

图书在版编目(CIP)数据

安徽湿地植物图说/吴惠敏编著. —合肥：黄山书社, 2014.
ISBN 978-7-5461-4481-8

Ⅰ.①安… Ⅱ.①吴… Ⅲ.①沼泽化地-植物-安徽省-图集 Ⅳ.①Q948.525.4-6

中国版本图书馆 CIP 数据核字(2014)第 08526 号

出 品 人　任耕耘
顾　　问　何金铃
责任编辑　高　杨　秦矿玲
装帧设计　周晓森　钱志刚
出版发行　时代出版传媒股份有限公司(http://www.press-mart.com)
　　　　　黄山书社(http://www.hspress.cn)
地址邮编　安徽省合肥市蜀山区翡翠路 1118 号出版传媒广场 7 层 230071
印　　刷　合肥精艺印刷有限公司
版　　次　2014 年 11 月第 1 版
印　　次　2014 年 11 月第 1 次印刷
开　　本　710mm × 1100mm　1/16
字　　数　300 千
印　　张　19.75
书　　号　ISBN 978-7-5461-4481-8
定　　价　58.00 元

服务热线　0551-63533706

销售热线　0551-63533761

官方直营书店(http://hsssbook.taobao.com)

播撒一粒生态的种子（代序）

也许今天，我们比任何时候都感受到了生态问题的严重性，我们喝的水，吃的食物，呼吸的空气，都存在着不同程度的生态安全隐患。当雾霾遮天蔽日，直接影响我们出行，甚至影响我们喘息的这一刻，每个人都会意识到生态问题与自己的关系多么密切。我们需要更细更专的法律，需要更先进更强大的科学技术，需要更广泛更深入的区域与部门合作，需要更多更便于实践的知识，更需要，生出一份对自然的尊重和热爱之心。

一

当生态成为问题以后，人们对它的认识，经历了一个漫长而逐步清晰的过程。开始，人们以为生态问题是科学家的事，是一个可以通过科学技术就能解决的问题，可是随着科学的迅猛发展，人们发现，事情不那么简单，只依靠科学技术，远远解决不了已经形成的生态问题，甚至一些新技术还造成了新一轮的生态破坏。接下来，人们认识到生态问题是一个政治问题，从国家内部而言，如果一个国家无法为它的人民提供基本的生存条件，换句话说，当人们的生存权、健康权得不到基本保障的时候，政治问题就自然而然地产生了；从国家外部而言，当一个国家的自身污染通过空气、水流、移民、出口等方式与外界发生不同形式的连接时，也就把生态问题国际化了。很快人们意识到，生态问题，是一个全球性的国际问题，只有全球共同努力，才有可能得到有效解决。于是，1972 年 6 月，联合国在斯德哥尔摩召开“人类与环境会议”，这个由百余国参加的重大会议，发布了有史以来第一个《人类环境宣言》，并将 6 月 5 日正式定为“世界环境日”，使环境保护活动成为了政府行为。此后，这类国际会议频繁召开，议题也更为多样化。可是政治协商并不能解决燃眉之急。各国的生态问题归根到底还是要自行解决。

哲学家也在积极探索解决问题的途径，他们发现，生态问题的形成与人们的生态哲学观有关，人类中心主义的生态哲学观是导致生态问题的罪魁祸首，只有把伦理推及环境，建构环境伦理才能有效改变现实。然而，一些学者又发现，环境伦理从本质上而言，还是把人类作为中心点，把自然抽离出来，作为人类生存的外部环境来对待，那些环境伦理的行为规范不过是强调人类自身可持续发展的需要，从根本上来说，环境伦理还是现代性语境下一种功利性的表述，存在着人与自然是相互联系又相互依赖的理论盲点。而且，马克思在阐述“人是为自身而存在的存在物”时，首先肯定了“人是自然存在物”，也就是说，人是无法脱离自然而成为为自身存在的存在物的，而环境伦理的理论建构，却在这里考量不周。于是，生态伦理应运而生。生态伦理把人与自然同置于一个世界中，强调自然价值的内在性，遵循人类价值也源于自然的思路，超越了环境伦理中那些为人类利益而制定的善待自然的行为规范，正如罗尔斯顿所说的那样，走向根本意义上的生态伦理，只能是出于对自然的爱。

在以上国际大背景下，我国面对自身经济、社会发展中日益严峻的生态问题，也开始认真反思战胜自然、人定胜天、盲目追求经济效益第一的发展观，近十年来，不断深化认识，并采取了种种应对措施。从2003年提出科学发展观，到2006年将加大环境保护力度、切实保护好自然生态纳入“十一五”发展规划，再到2007年十七大报告首次明确提出建设生态文明及基本形成节约能源资源和保护环境的产业结构、增长方式、消费模式的目标，使我国可持续发展战略具有了生态文明的内涵，生态文明建设的理念也逐步走向大众。2011年的“十二五”规划，充分关注了那些关系民生的突出环境问题，并提出开征环保税缓解环境压力的新思路。2012年，十八大报告把生态文明建设与经济建设、政治建设、文化建设、社会建设“五位一体”，纳入中国特色社会主义事业的总体布局，甚至用“给自然留下更多修复空间，给农业留下更多良田，给子孙后代留下天蓝、地绿、水净的美好家园”的动情叙述，清晰地传达了一种对待自然的新态度。2013年的十八届三中全会则把加快生态文明制度建设放在首位，划定生态保护红线，体现了我国最基本的生态保护要求。2014年4月25日，十二届全国人大常委会第八次会议，表决通过了《环境保护法》修订草案，对环境规划、环境标准、环境监测、生态补偿、排污许可等一些基本制度作出了规定。

然而，生态理论、生态政策甚至生态技术转化为生态实践的过程是缓慢和艰难的，它不仅需要法律法规的保驾护航，还需要学校教育和新闻媒体的介入，需要科普工作者深入浅出的知识传授，需要有识之士的多样化探索，尤其需要全民的热心参与。我作为农业大学的一名人文学科教师，自然义不容辞地要在这个转化过程中担负起应尽的社会责任。正是基于这个认识，近年来我和同事们一起开始关注生态问题，并尝试以生态文化为对象，结合地方实践开展研究。在近期所做的“安徽农村土地规划与利用中的生态文化研究”课题调研中，发现湿地生态问题非常值得关注，不同程度地存在着湖泊围垦、水土流失、水质污染、建筑垃圾堆放、景观设计破坏、生物入侵等状况，城镇化的过程也带来了自然植被和野生物种的消失。与十年前施葵初先生编著的《安徽湿地》一书所附录的植物目录相比，一些本该在一定区域内常见的野生植物物种变得较为稀见，而一些外来植物却因疏于管理正肆虐于河道。

二

在大多数人的心目中，湿地等同于沼泽。其实，沼泽只是湿地的一种类型。按照《国际湿地公约》的解释，湿地是指天然或人工、长久或暂时性沼泽地、湿源、泥炭地或水域地带，带有静止或流动淡水、半咸水、咸水水体等，包括低潮时水位不超过 6 米的水域，同时也包括与湿地毗邻的河湖沿岸和海岸地区。湿地与森林、海洋一起并称为“地球的三大生态系统”，它是淡水之源，是物种基因库，是物产宝库，是景观胜地，还具有着强大的降解有毒物质和净化水体的能力，每公顷湿地每年可去除 1000 多千克氮和 130 多千克磷。因此湿地被誉为“地球之肾”。

根据 2014 年 1 月 13 日国务院新闻办第二次全国湿地资源调查结果发布会的最新数据显示，我国现有湿地总面积为 5360.26 万公顷，湿地率为 5.58%。其中自然湿地（包括近海与海岸湿地、河流湿地、湖泊湿地、沼泽湿地）为 4667.47 万公顷，人工湿地（包括水库、渠道、水田、塘堰等）为 674.59 万公顷。与 2003 年第一次全国湿地资源调查数据相比，十年期间，我国自然湿地面积减少了 337.62 万公顷，减少率为 9.33%。除面积减少之外，还存在着湿地功能退化、受威胁压力持续增大、保护空缺较多等问题。发布会同时指出，国家还未出台湿地保护条例，湿地保护的长效机制尚未建立，科技支撑十分薄弱，全社会湿地保护意识有待提高，均是目前湿地保护工作亟待着力之处。

当然，发布会也客观公允地肯定了两次调查期间我国湿地保护取得的显著成绩，指出十年来，我国受保护湿地面积增加了 525.94 万公顷，湿地保护率由 30.49% 提高到 43.51%。我国现有 18 个省、市、自治区出台了省一级的湿地保护条例。2003 年，国务院批准了国家林业局会同国家发展改革委员会、财政部等 9 个部门共同编制的《全国湿地保护工程规划（2002—2030 年）》，提出了湿地保护的长远目标，此后的政府工作报告都对湿地保护提出了具体要求。十八大报告还明确提出，要扩大森林、湖泊、湿地的面积，十八届三中全会更是首次提出要划定生态保护红线。

安徽现有湿地面积大约为291.9万公顷，占全省国土面积的21%，约占全国湿地面积的4.4%。除淮北平原有少数盐碱湿地外，其他皆为内陆淡水湿地。自然湿地面积为69.1万公顷，人工湿地约为222.8万公顷。湿地类型多样，其中煤矿塌陷湖泊属于较为特殊的人工湿地类型。虽然现有的各类湿地自然保护区和湿地公园已显现了一定的湿地保护效果，但是整体而言，湿地保护工作还任重道远，不仅保护区外的湿地还继续承受着被污染、侵占和外来物种入侵等问题的威胁，一些保护区内的湿地资源因为旅游开发的不断深入又造成了新的破坏。因而，倡导全社会树立尊重自然的生态文明理念，形成良好的湿地保护氛围是当务之急。

晓之以理，束之以法，动之以情，育之以美，生态文明建设的过程需要多管齐下。其中审美教育，因其自身特有的能使人在愉悦的精神享受中培养正确的审美观点、高尚的审美情趣的优势，更容易被大众接受。席勒就曾认为，要使感性的人变成理性的人，唯一的途径就是先使他成为审美的人。在我看来，如果人们能把视野更多一点地投向自然，去发现美、感受美、理解美，那就一定能生出珍惜自然美的心和受益于自然的创造美的能力。这也正是编著本书的动力所在。

而以自然之植物为观照点，则基于另一个原因。人类自诞生之日起，就不曾片刻离开过植物的恩赐。植物慷慨地给我们提供了两样最基本的生存条件，食物和氧气，植物的光合作用更是整个生物界赖以生存的基础。可是，它们却并没有得到应有的尊重和报答。正像纪伯伦所言，我们已经走得太远，以至于忘了为什么而出发。今天的人们在享受工业文明带来的各式成果时，常常忘记了植物的恩泽，甚至根本无视它们的名与性。其实，每一种植物都有着自己的价值和尊严，恰如佛界所云，一花一世界，一叶一菩提。即使以工具性的立场来看，稻田中的稗草，换个地方，依然会对人类有价值。人类的高明之处，不应止于用高效化学除草剂对稗草赶尽杀绝，或许可以顺应稗草的天性，进一步寻找到更合乎自然之道的真正意义上的方法。而从另一个角度来看，稗草那种赶不尽杀不绝的强大生命力，倒是对人类生命意志的一种触动和启迪。

孔子在《论语·阳货》中，曾清晰地说明了《诗经》的功用和自己的诗教思想：“《诗》，可以兴，可以观，可以群，可以怨。迩之事父，远之事君。多识于鸟兽草木之名。”人们在阐释这段话时，多侧重于《诗经》的“兴观群怨”功用和“事父、事君”功能，至于“多识”之用并不被看重。今天看来，它却有着另一番深意，多识于鸟兽草木之名，并不简单地在于可以丰富一个人的知识，而在于可以经由这个识名的路径，得以与自然保持密切联系，进而生出一份对自然的敬畏之情和亲切之感，以达识事与明理的功效。这或许对我们今天的生态文明建设也有一定的启示意义。如果我们认识某一种植物，了解它的习性功用，就容易对它生出一份关心，会延伸出一定的生态意识。如果再能在关心中得到一丝触动进而生出关爱，肯对身边的花草树木手足留情，那离生态伦理观的形成，就近了一步。

三

本书共选择了 253 种湿地高等植物，科属编排顺序采用修订后的恩格勒（A.Engler）新系统，少数属种因排版需要，前后顺序略有调整，计 66 科 189 属。所有 745 幅图片均拍摄于安徽湿地，以长江、淮河、新安江三大水系为主要拍摄点，涉及 37 个市、县（区）。图片的选择考虑了湿地的不同类型，以及沼生、湿生、水生植物的类型差异，也选入了一部分生态幅较宽且着生于湖滩水岸堤沟河畔的喜湿植物。全书所选植物 90% 以上为湿地野生花草，对近年来一些湿地公园普遍可见的水生造景植物以及引种植物，也做了一定的介绍，如梭鱼草、风车草、再力花等，以满足读者的实际需要。

每种植物的编写体例设计为三个部分，植物图片、文字说明、物语，各自体现着不同的编写设想。图片部分意在直观展示植物的外在形态、整体与局部特征、群落风貌及与其他植物的伴生关系。也利用跟踪拍摄的方式，展现了一部分习见植物的生命过程，如野大豆、萝藦、鸡矢藤、牵牛等。正像动物离不开植物，很多时候，植物也需要动物的帮忙，昆虫通过传授花粉与植物互惠共生、协同进化，构成了和谐的自然图景，所以本书也特别挑选了一部分动植物和谐相处的图片，包括蝴蝶、蜜蜂、金龟子，甚至蚂蚁、苍蝇等，意在表现自然界物种之间的密切关系，并增加视图的趣味性，使读者在相对有趣的阅读中了解自然的生态链环。整体而言，图片的选择是力图在真实再现植物外形和生境的基础上尽可能地突出植物的美感，希望那些通过微距拍摄的微花细草之美可以唤起人们对自然的关注。

文字说明部分，意从植物学角度，较为科学地介绍植物的分类、形态特征、分布以及用途，以满足读者在识图的基础上进一步的认知需求，也希望能够引导读者对身边的湿地植物有更深一层的了解。另外，为加深记忆，还对每一种植物的拉丁名、科属、别名、花果期做了特别交代（少数没有别名与花果期的植物从略）。主体文字均来自《安徽植物志》（1—5 卷）。对《安徽植物志》中未曾收录或介绍不足的植物，则选用《中国植物志》以及相邻省份植物志，如《江苏植物志》《浙江植物志》《江西植物志》《湖北植物志》《河南植物志》，予以补充完善。植物拉丁名以《中国植物志》为准。针对少量植物志未予收录的引种或外来入侵植物，主要参考了“中国自然标本馆(Chinese Field Herbarium)”网络平台所提供的信息和一些学者的论文资料。在此，一并深表谢意！

物语的设计，旨在展现不同植物的文化蕴涵，通过对传统文化典籍与诗篇的回顾，回味人类与植物之间亲密而绵长的情感。而挖掘那些未曾“沐浴”过传统文化之光，却具有着自身强大的生命力和独特之美的野花野草的审美意义，也是物语所欲表达的一个内容。一些物语其实也是自己走近那些名不经传的草花时的点滴心得。希望通过物语部分可以架设一座打通科学与文学的桥梁，让生态成为“情理之中”的事儿，引起更多人的关注。只是域于版面和能力所限，这座小桥太过简陋与细弱。

此书的编写还有很多遗憾。其一是自己不具备足够的植物学学识背景，在植物介绍中难以针对图片有的放矢。其二是摄影技术和器材有限，不能更好地捕捉到植物的精彩瞬间。其三是植物种类介绍偏少，我国湿地高等植物约有 225 科 815 属 2276 种，安徽湿地高等植物约有 289 属 494 种，本书所选有限。尤其遗憾的是，因为水质等原因，没能拍摄到被列入国家一级保护植物的中华水韭、莼菜等野生植物种类。此书的编写真正是不揣浅陋，只是抱定做一点是一点的想法，才得以终成其篇。

纪伯伦说，撒下一粒种子，大地会给你一朵花。故去的父亲说，哪有女人不爱花？我想，一个真正爱花的女人，应该在大地播撒花种，而不仅仅是在自家的花盆里弄花莳草。

谨以此为序。

吴惠敏
二〇一四年八月十二日

目录 contents

木贼科

蘋　科

满江红科

槐叶蘋科

桑　科

荨麻科

蓼　科

粟米草科

商陆科

马齿苋科

石竹科

藜　科

苋　科

毛茛科

节节草

拉丁名：*Hippochaete ramosissimum*（Desf.）Boerner

科　属：木贼科木贼属

别　名：木贼草

多年生草本。根状茎横走，黑色。地上茎灰绿色，直立，外有纵棱脊，粗糙而有硅质的瘤状突起，分枝与主茎近等高，很少不分枝。叶退化，下部连合成鞘，鞘片背上无棱脊，鞘齿短，三角形，黑色，有易脱落的膜质尖尾。孢子囊穗生于茎端，长圆形，有小尖头，无柄；孢子叶六角形，中央凹入，盾状着生，排列紧密，边缘着生长形孢子囊；孢子一型。

生于路旁、沟边、溪畔等地。安徽省内南北广布。

地上茎可供药用，有明目退翳、清热、利尿等功能。

物语：节节草无花，也无通常意义上的叶，在花繁叶茂的大自然中，它实在是不起眼。可它那节节相接的特性和孢子囊穗的灵巧，却在花叶之外，展现了另一种美丽。

问 荆

拉丁名：*Equisetum arvense* L.

科 属：木贼科木贼属

别 名：笔头草、土麻黄

多年生草本植物。根状茎长而横走。具黑色球茎，表面平滑，地上茎直立，二型；孢子茎春季萌发，高 5 厘米—11 厘米，直径 2 毫米—5 毫米，通常紫红色，肉质，不分枝，具 10—12 条棱脊，叶鞘筒状漏斗形，鞘齿棕褐色，厚膜质，阔三角形；营养茎在孢子茎枯萎后生出，高 17 厘米—26 厘米，绿色，分枝轮生，有 6—12 条棱脊，下部光滑，上部有微小的瘤状突起。叶退化，下部连合成鞘，鞘齿披针形，或由 2—3 齿连成阔三角形，黑色，边缘灰白色，质厚，草质，不脱落。孢子囊穗长椭圆形，有总梗，钝头或微尖；孢子叶六角形，钝状着生，下生孢子囊 6—8 个；孢子一型；孢子成熟时，孢子茎即枯萎。

生于沟边、溪水边、河滩等湿地草丛中。分布于皖南、沿江等地。

全草药用，有利尿、止血、消肿、清热止咳等功效，可治尿道感染、骨折及各种出血症；也可作绿地植物；对牲畜有毒，不宜作饲料。

物语：问荆常被人们当作田间杂草铲除，可生对了地方和时机，它也是难得的风景。喜湿耐阴的天性和婆娑空灵的形态，使它近年来成为美化沟坡和溪岸的习见植物。

蘋

拉丁名：*Marsilea quadrifolia* L.

科　属：蘋科蘋属

别　名：田字萍

物语：看起来茎细柄软，实际上，蘋却有着很强的生命力，无论浮水、挺水、陆生，它皆可铺散开去。有人拿它当作象征幸运和幸福的四叶草。《左传》视其为高贵的祭祀之菜，屈原在《九章·悲回风》中将蘋列为香草。

水生多年生草本植物。根状茎细长，匍匐，多分枝，植株高 5 厘米—25 厘米。茎节向上生，有一至数枚营养叶。叶柄线状而柔软；顶端着生倒三角形小叶 4 片，呈十字形，漂浮或挺出水面；小叶片外缘半圆形，两侧截形，全缘。叶脉从小叶基部向上呈放射状分叉，组成狭长网眼，无内藏小脉。孢子果卵圆形，坚实，幼时被毛，后变光滑，有棕褐色斑点，1—3 个着生于叶柄基部单一或分叉的短柄上；大小孢子囊约 15 个。

生于水田、池沼、沟渠的浅水中或湿地上。产安徽各地。

茎叶可作猪饲料或绿肥。全草入药，能清热解毒、利尿消肿，外用可治疮和毒蛇咬伤。大小孢子含油。

满江红

拉丁名： *Azolla imbricata* (Roxb.)Nakai

科 属： 满江红科满江红属

别 名： 红苹

物语：作为词牌名，《满江红》大名鼎鼎。而作为沿江区域常见的浮水生物，它却并不为人在意。其实，无论近观其叶片的褶皱形态，还是远眺它连绵不断的壮阔气势，满江红都呈现了自己的独特之美。

小型漂浮植物。植株圆形或三角形，直径近1厘米。根状茎横走，羽状分枝，须根纤细，悬垂水中。叶微小，互生，覆瓦状排成2列；无柄，近长方形，或卵形，长约1毫米，先端截形或圆形，全缘；叶2裂，上裂片浮于水面，肉质，绿色，秋后变成紫红色，营光合作用，上面密生乳头状突起，下面有空腔，含胶质，和蓝藻、念珠藻共生；下裂片透明膜质，沉没水中，营吸收作用。大孢子果小，长卵形；小孢子果略大，球形；小孢子球形或近球形。

生于水田、池塘、静水沟渠的水面上。产安徽各地。

因本种与固氮蓝藻、念珠藻共生，所以能固氮，为水田的优良绿肥；也是猪、家禽和鱼的良好饲料；药用，能发汗、利尿、祛风湿、治顽癣。

槐叶蘋

拉丁名： *Salvinia natans*(L.)All.

科　属： 槐叶蘋科槐叶蘋属

漂浮植物，无根。茎细弱，横走，被褐色短毛，有分枝。叶草质3片轮生，有短柄，2列，漂浮水面，叶片长圆形至椭圆形，长8毫米—15毫米，宽5毫米—9毫米，顶端钝圆，基部略呈心形，全缘；表面绿色，下面灰褐色，有毛；侧脉斜出，侧脉间有排列整齐的乳头状突起，上面簇生短粗毛；另一列叶垂悬水中，细裂成颖根状，被细毛。大孢子果小且少，生少数有短柄的孢子囊，各含一大孢子，呈花瓶状；小孢子果略大而多，生多数具长柄的小孢子囊，各含64个小孢子，呈球形或近球形。

生于沟塘、水田、静水溪河的水面上。广布沿江流域。

全草入药，治虚劳发热、湿疹、丹毒、疔疮和烫伤；亦可作绿肥；又是猪、鸭的良好饲料。

物语： 似槐叶落入水中，比槐叶更多出一份护卫自然的担当。槐叶蘋不仅对轻度富营养化水体具有很好的净化效果，还可作为高浓度氨氮污水的指示植物。

葎 草

拉丁名：*Humulus scandens* (Lour.) Merr.

科 属：桑科葎草属

别 名：勒草、拉拉藤

花果期：5—10 月

物语：葎（lǜ）草的大名，远不如拉拉藤的俗名有震慑力，它用布满全身的倒刺，捍卫着自己普通而又高贵的生命尊严，谁伸手，谁就得付出被拉伤的代价。

一年生或多年生缠绕草本。全株有倒刺。叶纸质，对生，叶片近肾状五角形，直径 7 厘米—10 厘米，掌状深裂，裂片常 5—7，卵圆形，边缘有粗锯齿，背面有黄色腺点，基部心形，叶柄长 5 厘米—20 厘米。雌雄异株，雄花小，淡黄绿色，圆锥花序，花被与雄蕊各 5；雌花穗状花序，每 2 朵花有 1 卵形苞片，有白刺毛和黄色小腺点，花被退化为 1 全缘的膜质片。瘦果略扁圆，淡黄色，被黄褐色腺点。

生于沟边、湖畔和路旁荒地。广布安徽各地。

全草入药，有清热、利尿、消肿、解毒之效。茎皮含纤维 43.64%，强韧，可代麻用，可作纺织工业原料。种子可榨油，供制肥皂、油墨、润滑油及其他工业用油。

苎　麻

拉丁名：*Boehmeria nivea* (L.) Gaud.

科　属：荨麻科苎麻属

别　名：野麻

花果期：8—10 月

亚灌木。茎多分枝，高 1 米—2 米，小枝密生开展长硬毛和近开展及贴伏的短毛。叶互生，卵形或宽卵形，长 5 厘米—15 厘米，宽 4 厘米—13 厘米，边缘密生粗锯齿，上面粗糙，深绿色，无毛或散生长硬毛，下面白色，被毡毛；叶柄长 2 厘米—8 厘米，密生长柔毛；托叶分生。花单行，雌雄同株；花序圆锥状，腋生；雄花序通常位于雌花序之下，雄花无梗，淡黄色，花被片 4，雄蕊 4，有退化雌蕊；雌花簇球形。淡绿色，雌花花被管状，被毛，顶端缢缩，具 3 小齿。瘦果小，椭圆形，密生短毛，有柄，宿存柱头线形。

生于沟畔、路边，或宅旁阴湿地。产皖南、大别山等地。

苎麻为重要的纤维植物，是优质的纺织原料。根供药用。嫩叶可喂蚕和作猪饲料。种子可榨油，供食用。

物语：从《诗经·东门之池》可知，苎（zhù）麻是先秦最普遍的服饰原材料。而从李白《西施》一诗“西施越溪女，出自苎萝山”也可推想，当年西施所居之地、所浣之纱，当与苎麻密不可分。

紫　麻

拉丁名： *Oreocnide frutescens* (Thunb.) Miq.

科　属： 荨麻科紫麻属

别　名： 紫苎麻

花果期： 4—10 月

物语：狭长的叶尖，晶莹的肉质花，这是紫麻在春天的两个主要特征。而经过酷暑和霜雪的锤炼，在来年的春季收割期，它则拥有了细长而坚韧的茎皮纤维。

落叶小灌木。高 1 米—2 米，茎皮暗灰色，小枝幼时有短柔毛及疏柔毛，后变无毛。叶多聚生于茎或分枝的顶部或上部；叶片纸质；椭圆形，长 3 厘米—10 厘米，宽 2 厘米—4 厘米，边缘有粗锯齿，上面疏生短毛及点状钟乳体，下面脉上疏生柔毛，脉间密生交织的白色绵毛或无绵毛，基出脉 3 条，侧脉不达叶尖；叶柄长 1 厘米—4 厘米，无毛或稍有柔毛；托叶条状披针形，长 5 毫米—10 毫米，有柔毛。雌雄异株；花小，团伞花序生于叶腋；雄花蕾时卵形，为苞片所包，苞片宽卵形，花被片 3，卵形，镊合状排列，背面密生柔毛，内有与其对生的雄蕊 3，退化雌蕊近棒状，密被交织绵毛；雌花序苞片仅基部合生，瘦果各自分离，管状花被果时肉质，基部与苞片合生，有一盘状肉质环。瘦果卵圆形，长约 1.5 毫米。

生于密林中或沟旁湿地，多产皖南。

茎皮纤维可编绳，多在春季采割利用。根、茎、叶入药，可行气活血。

萹　蓄

拉丁名：*Polygonum aviculare* L.

科　属：蓼科蓼属

别　名：扁竹、竹叶草

花果期：5—10 月

一年生草本。茎高 5 厘米—50 厘米，基部多分枝，铺散，下部伏卧，上部直立或斜上，有纵条纹，绿色或灰绿色。叶大小差异较大，长圆形、披针状长圆形或狭椭圆形，长 0.5 厘米—4 厘米，宽 1.5 毫米—11 毫米，先端急尖而钝，基部楔形，无毛，全缘，下面侧脉凸起明显；叶柄短，长 1 毫米—4 毫米，或近无柄，基部具关节；托叶鞘薄膜质，淡褐色或上部银白色，长约 1 厘米，2 深裂或撕裂，纵脉纹明显。花 2—6 朵簇生于叶腋托叶鞘内；苞片薄膜质；花梗与托叶鞘近等长或稍长，顶端具关节；花绿色，边缘白色，花后至果渐变为淡红至鲜红色，长 2.5 毫米—3 毫米，花被 5 深裂，裂片长圆形；雄蕊 8，花丝短，基部扩大，花药黄色；花柱 3，离生，短棒状；有闭花受精现象。瘦果卵形，具 3 锐棱，长 2.5 毫米—3 毫米，直径 2 毫米，棕褐色或黑褐色，密布细点纹，无光泽，顶端稍露出宿存花被外。

生于路旁、田边、沟坡附近。安徽多地可见。

全草供药用，有清热利尿、消炎、止泻、驱虫功效；也可作农药。

物语：即使花开叶腋，微不足观，萹（biān）蓄也依然瓣瓣有色，朵朵生辉。在不到 3 毫米的逼仄空间里，萹蓄不仅开出深裂成 5 瓣的绿色之花，还精心地为其镶了一道白色的花边。它的精致与从容，令人叹服。《诗经·淇奥》称之为“竹”。

金荞麦

拉丁名： *Fagopyrum dibotrys* (D.Don) Hara

科 属： 蓼科荞麦属

别 名： 野荞麦、天荞麦

花果期： 9—11 月

多年生草本。主根块状，木质化，表面暗褐色，内部淡黄褐色。茎直立，高 15 厘米—90 厘米，多分枝，绿色微带红褐色，具纵棱，光滑。叶三角形，长 4 厘米—12 厘米，宽 3.5 厘米—12 厘米，长、宽近相等，先端渐尖或尾尖，基部心状戟形，两侧耳垂三角形，具尖头，叶缘微波状，于两面脉上均具乳头状突起；叶柄纤细，生茎下部者长可达 10 厘米，向上渐短，至长约 1 厘米，上面一侧被数行乳头状突起，叶柄顶端与主脉基部红色；托叶鞘膜质，绿白色，筒状，长 5 毫米—10 毫米，光滑，顶端斜截形，无缘毛。伞房状花序顶生或生上部叶腋，总花梗长 2 厘米—10 厘米，于一侧被数乳头状突起；苞片卵状披针形，长约 3 毫米，草质，绿色，边缘膜质，每苞片内生 1—4 花；花梗短于或等长于苞片，近中部具关节；花白色，长约 2.5 毫米，花被 5 深裂，裂片广长圆形；雄蕊 8，短于花被裂片，花药紫红色；花柱 3。瘦果三角形，具 3 锐棱，长约 5 毫米，约超出花被裂片 1 倍，顶端急尖，下侧尖锐，红褐色，无光泽。

生于低山区及丘陵地区之山路旁草丛或溪边湿地。产皖南等地。

块根供药用，有清热解毒、活血散瘀、健脾利湿之效。

物语：“独出前门望野田，月明荞麦花如雪。”白居易《村夜》写出了荞麦花的花白如雪和成片生长两个特点。其实，金荞麦根茎、枝条、种子皆可繁殖的强大生命力，以及在入药、养生之外，还可作为食物和蜜源植物的广泛用途，更值得称道。

杠板归

拉丁名：*Polygonum perfoliatum* L.

科　属：蓼科蓼属

别　名：刺犁头、蛇倒退

花果期：6—10 月

一年生草本。茎蔓生，或常借钩刺攀援，长达 1 米—2 米，多分枝，绿色或带红褐色，具纵棱，沿棱散生扁倒钩刺。叶近正三角形，长、宽各 3 厘米—6.5 厘米，散生粒状细点，叶缘疏生小钩刺；叶柄长 3 厘米—6.5 厘米，具棱，疏生扁倒钩刺；托叶鞘具显著草质叶状绿色环边，卵圆形或近圆形，穿茎，直径约 1.5 厘米—3 厘米。穗状的短总状花序单一顶生或生于上部叶腋，长 0.5 厘米—3 厘米；花梗绿色，粗壮，肉质；花绿白色，长约 3 毫米。瘦果圆球形，直径约 3 毫米，黑色，全包于宿存花被内。

生于溪沟边、山坡灌丛及路旁。广布安徽各地。

全草药用，有清热解毒、消肿、杀虫之效，可治泻痢、痔疮、蛇伤等。根含鞣质，可提制栲胶。叶发酵，可制取靛蓝染料。

物语：出身蓼科蓼属，本当穗垂性柔，杠板归却浑身是刺，连叶片也如带刺犁头，甚至令蛇望而生畏。深秋时节，它的串串彩果和枝枝红梗自成一景，常使路人驻足流连。可看归看，千万别动手，动手必被戳。

戟叶蓼

拉丁名：*Polygonum thunbergii* Sieb. et Zucc.

科 属：蓼科蓼属

花果期：7—11 月

物语：叶如戟，梗生倒刺，戟叶蓼也是蓼科蓼属中的另类，连叶片也暗藏玄机。可是它的蓓蕾却姣美妩媚，猩红点点。它与金荞麦时常伴生，在盛花期里会把秋日寂寞的河滩装点得分外妖娆。

一年生草本，茎高 30 厘米—80 厘米，下部伏卧，节上生根，上部斜展，分枝，具纵棱，沿棱生倒钩刺。叶卵状戟形，三裂状，连基部裂片长 2 厘米—7 厘米，宽 1.5 厘米—5 厘米，中裂片菱状卵形，先端短尖稍钝头，下部两侧常缢缩，基部二侧裂片较小，卵状三角形，端钝圆，平展，叶基截形，稀微凹，两面生粒状细点，并被星状毛及刺伏毛，上面近中部有时有暗斑，叶缘密生短刺状缘毛；叶柄长 0.5 厘米—2.5 厘米，具绿色窄翅，被星状毛，下面生 1 行倒钩刺；托叶鞘膜质，具多数纵脉纹，被星状毛及刺伏毛，顶端斜截形，密生缘毛。头状的总状花序花簇密集，顶生或腋生，花序梗短，密被星状毛、小倒钩刺；苞片下部圆卵形，顶端具狭长尾尖，长 4 毫米—6 毫米，绿色，有刺状缘毛，小苞片膜质，外露，每苞内生 2 花；花梗短于小苞片；花白色，长约 4 毫米，花被 5 深裂，裂片长圆形；雄蕊 8，稍短于花被；腺体状花盘明显；花柱 3，中部以下合生。瘦果椭圆形，顶端尖喙状，具 3 锐棱，长约 3.5 毫米，直径 2.5 毫米，黄褐色，全包于宿存花被内。

生于低山区或丘陵地区之路旁湿草丛或沟边。分布于沿江、皖南等地。

全草可供药用，有止泻、镇痛、祛风之效。

酸模叶蓼

拉丁名： *Polygonum orientale* L.

科　属： 蓼科蓼属

别　名： 旱苗蓼

花果期： 6—10 月

一年生草本。茎直立，多分枝，绿色或微红色，散生暗红色斑点，节膨大。叶形及大小多变，基部下延至柄，羽状侧脉明显，两面中脉均被刺伏毛，上面疏生短刺伏毛或黄色腺点，近中部常具暗斑，叶柄带红色，被粗伏毛；托叶鞘膜质，浅褐色。花单一顶生或生上部叶腋，或 2—3 枝顶生成圆锥花序状，花序梗被毛；苞片漏斗状，每苞内生 4—6 对花；花梗绿色，伸出苞片外；花绿白色或渐变为淡红色，多具黄色腺，外侧 2 裂片较大；雄蕊常为 6；花柱 2。瘦果近圆形，扁平，微凹，黑褐色，全包于宿存花被内。

生于弃耕荒地、路旁、水沟、塘边及湖缘浅水中。产安徽各地。

全草可供药用，有清热解毒、利尿、止痒之功效；亦可作土农药。

物语： 叶布褐斑，茎节膨大，花色黯沉，看起来一无是处，可这正是酸模叶蓼不会被庞大的众蓼家族混淆的独特之处。它安享着天赋的容貌，成就了独特的一生。

红　蓼

拉丁名：*Polygonum orientale* L.

科　属：蓼科蓼属

花果期：6—10 月

物语：叶片宽大，穗花粉艳，茎干如竹。陆游说“数枝红蓼醉清秋”，其实，江边那连绵成片的红蓼才更让人沉醉。《诗经·山有扶苏》篇则给它起了一个很动感的名字——游龙。

一年生草本，高 35 厘米—150 厘米，全株被长柔毛。茎粗壮，直立，多分枝。叶广卵形或卵状椭圆形，长 4 厘米—23.5 厘米，宽 2 厘米—14.5 厘米，先端短尾尖或渐尖，基部圆形、微心形、近截形或阔楔形，叶脉凸出；托叶鞘膜质，筒状，上部多有反卷绿色疏波状草质环边。顶生或腋生总状花序粗壮，具密花，长 2 厘米—10 厘米，直径 1 厘米，先端常下垂；苞片斜漏斗状，中脉于顶端延伸成芒尖，每苞内生 4—6 花；花梗细长，伸出苞片外；花淡红色，花被 5 深裂，裂片倒卵圆形，具 3 条明显脉纹；雄蕊 7，伸出花被外；花盘明显；花柱 2，中部以下合生，内藏；或雄蕊短，内藏，花柱外伸。瘦果近圆形，扁平，两面微凹，长 3 毫米—3.5 毫米，深褐色，有光泽，全包于宿存花被内。

生于路旁、园圃，在河岸或塘、沟边常成片丛生。广布安徽多地。

全草供药用，果（药名“水红花子”）有活血、消积、止痛、利尿功效，茎叶能祛风利湿、活血止痛。果含淀粉，可酿酒。红蓼亦有一定的观赏价值。

蚕茧草

拉丁名： *Polygonum japonicum* Meisn.

科 属： 蓼科蓼属

别 名： 蚕茧蓼

花果期： 8—11月

多年生草本。有细长横走之根状茎，节上生须根。茎直立，高40厘米—100厘米，多分枝或少分枝。叶质厚，近薄革质，披针形或长圆状披针形，长4.5厘米—17厘米，宽1厘米—2.5厘米，先端渐尖，基部楔形，中脉于两面凸起，叶两面被短伏毛，叶缘具粗长刺状缘毛；叶柄极短，或近无柄；托叶鞘膜质，褐色，筒状，长1厘米—2.5厘米，散生刺伏毛，顶端截形，具粗壮稀疏长0.5厘米—1.5厘米之缘毛。穗状的总状花序着花密集，长3厘米—17厘米，直立或微弯，多顶生或生上部叶腋，单一或2—3枝成圆锥花序状，具总花序梗，花序梗无毛或散生腺点；苞片长管状斜漏斗形，长3毫米—5毫米，绿色，或缘部红色或全紫红色，每苞内生3—8花；花梗粗壮，长4毫米—6毫米，绿色或带红色，伸出苞片外；花白色，或淡红至深红色，长3毫米—4毫米，阔钟状，花被5深裂，裂片倒卵状长圆形，果时闭合成长圆卵状，下部海绵质加厚，松包瘦果；雄蕊6—8，短于或近等长于花被；腺体状花盘黄绿色，明显；花柱2—3，近基部合生，长约为子房之3倍，柱头小头状，露出花被外，花柱与子房近等长，藏于花被内。瘦果黑色，有光泽。

生于山区或丘陵、平原之沟、塘边或浅水中，及路旁、林下湿草丛。主要分布于淮河以南地区。

全草可供药用，有散寒、活血、止痢之效；也可作土农药。花较大，盛开时甚美。可成片种植，供观赏。

物语： 蚕茧草，叶片似柳，花色素净，花柱晶莹透明，宛如谦谦君子。它细红的花柄透出盛情，赢来昆虫的起舞和鸣唱。

水 蓼

拉丁名： *Polygonum hydropiper* L.

科 属： 蓼科蓼属

别 名： 辣蓼

花果期： 4—10月

一年生草本。茎直立，高15厘米—80厘米，多分枝，绿色或紫红色，无毛，散生腺点，节明显膨大。叶椭圆状、卵状或线状披针形，密被暗棕色透明腺点，中脉于两面均凸起，有时上面有明显暗斑，疏生细刺状缘毛或无，嚼之有辛辣味；叶柄短或几无柄，疏生伏毛；托叶鞘筒状，通常内藏花簇而显肿胀。穗状的总状花序狭长，花簇稀疏或较密集，下部间断，单一顶生或腋生；苞片漏斗状，散生腺点，具疏短缘毛，每苞内生4—10花，或更多；花渐变为淡红色，果时鲜红色，花被4—5（偶3）裂至中部，散生多数透明腺点，干后棕褐色；雄蕊常为6，稀8，比花被短；腺体状花盘明显；花柱2—3，中部以下合生。瘦果卵状椭圆形，扁平，或具3棱，黑褐色，全包于宿存花被内。

生于低山丘陵、圩堤、路旁湿草丛及河滩、溪边等处。产安徽多地。

全草药用，有祛风利湿、散瘀止痛、解毒消肿、杀虫止痒之效，亦可用于防治鱼类消化道疾病。水蓼还可作土农药。

物语：“水蓼冷花红蔟蔟，江蓠湿叶碧萋萋。江畔谁人唱竹枝，前声断咽后声迟。”旧读至此，常以为红花团簇难衬悲情，实际辣蓼花红味苦，正合白居易的伤别之情。

愉悦蓼

拉丁名： *Polygonum jucundum* Meisn.

科　属： 蓼科蓼属

花果期： 7—11 月

一年生草本。茎高 50 厘米—100 厘米，下部伏卧，暗紫红色，节上生根，上部斜展或直立，绿色，光滑。叶质薄，卵状或椭圆状披针形，中脉于两面凸起，疏生伏刺毛或近无毛，叶缘具细短缘毛；叶柄短，无毛；托叶鞘膜质，筒状，疏松抱茎，无毛或疏生伏刺毛，顶端截形，具疏细缘毛。穗状的总状花序具密花，长 1.5 厘米—4 厘米，顶生或腋生，单一或 2—4 枝成圆锥花序状，有总花序梗，花序梗纤细，绿色，光滑；苞片狭管状斜漏斗形，初时绿色，后全为暗红色，具短缘毛，每苞内生 4—5 花；花梗紫红色，远伸出苞片外；花淡紫红色，花被 5 深裂；雄蕊 7—8；花柱 3，下部合生。瘦果卵形，具 3 锐棱，褐色，光滑，有光泽，全包于宿存花被内。

生于路旁、荒坡或沟、塘边湿地。产淮河以南地区。

花色艳丽，可成片种植供观赏。

物语： 愉悦蓼，总让人想起庄子与惠子的“濠梁之辩”。即使我们不能说愉悦蓼快乐，至少可以肯定，它的确给我们带来了愉悦。

长鬃蓼

拉丁名：*Polygonum longisetum* De Bruyn

科 属：蓼科蓼属

别 名：马蓼

花果期：4—10 月

一年生草本。茎高 30 厘米—80 厘米，基部伏卧，节上生根，近基部常多分枝，斜展或直立，成丛，主茎褐绿色或带暗红褐色，无毛。叶质薄，椭圆形或卵形，长 1.2 厘米—14.5 厘米，宽 0.4 厘米—3 厘米，先端渐尖、短尖或急尖，基部楔形，两面散生粒状细点及伏毛或无毛，上面暗绿色，近中部常有明显暗斑；叶柄短。穗状的总状花序着花密或略疏，下部或基部常间断，顶生或腋生，多单一，或 2—4 枝成圆锥花序状，花序梗细长；苞片斜漏斗形，暗绿色，缘紫红色，或全紫红色，花被 5（稀 4）深裂近基部，裂片倒圆卵形；雄蕊 6—8（偶 4—5），短于花被；花柱 3，中部以下合生。瘦果卵形，具 3 钝棱，黑褐色，光滑，有光泽。全包于宿存花被内。

生于墙角、田埂、路旁、沟塘边，产安徽淮河以南各地。

对二氧化硫敏感，可为大气污染监测植物。

物语："苹叶绿，蓼花红，回首功名一梦中。"旧读《渔父》，总也不解究竟何苹何蓼，触发了陆游壮志未酬的伤感。现在想想，此二物多半是浮萍和长鬃蓼。前者漂浮不定，暗合他颠沛流离的亡国生涯；后者灼灼其华，则反衬出诗人老之将至却无力北定中原的深深遗憾。

蓼子草

拉丁名：*Polygonum criopolitanum* Hance

科 属：蓼科蓼属

花果期：7—11 月

物语：蓼子草最爱在一望无际的湖滩率性铺张，它可在秋日里编织出如梦如幻的粉色花海。皖南黟县齐墅湖边成片的蓼子草花，年年秋季都吸引着大批的摄影爱好者。

一年生匍匐状小草本。高 5 厘米—15 厘米。茎平卧，节上生根，多分枝，暗红色，密被长鬃毛。叶片狭披针形，长 0.4 厘米—2.8 厘米，宽 2 毫米—7 毫米，顶端急尖，基部楔形，两面都有白色长伏毛与白色小斑点，叶近无柄；托叶鞘顶端截形。花密生为头状花序，顶生，花序梗有腺毛；苞片三角状卵形，膜质，密生伏毛，具长缘毛，每苞内生 1 花；花梗远伸出苞片外，密生腺毛；花淡紫红色，花被 5 深裂，裂片卵圆形，端尖；雄蕊 5，花丝短，花药暗紫色；柱头 2，伸长，超出花被。瘦果椭圆形，扁平，两面凸起，黑褐色，表面密布细纹，有光泽。

生于河滩、沟、塘边湿地，常成片。产沿江及皖南各地。

全草入药，有解毒、除湿、散瘀、止血功效。

酸　模

拉丁名： *Rumex acetosa* L.

科　属： 蓼科酸模属

别　名： 酸溜溜

花果期： 4—6 月

多年生草本，高 40 厘米—80 厘米。根状茎短粗。茎直立，通常不分枝，具棱槽。叶质薄，披针状长圆形，基生叶有长柄；叶片矩圆形，全缘；茎上部的叶较小，披针形，无柄；托叶鞘膜质，斜形，易破裂而早落。花序圆锥状，顶生；雌雄异株；花梗短，中部具关节；花被片 6，椭圆形，成 2 轮，带红色，内轮 3 片广椭圆形，外轮花被片较小，直立；雄花雄蕊 6，花丝极短，花药长；雌花内轮花被片膜质，淡紫红褐色，全缘，在果时增大；柱头 3，画笔状。瘦果椭圆形，有 3 锐棱，两端尖，暗褐色，有光泽。

生于山坡、荒地、路旁及河沟边。产安徽各地。

全草可供药用，有解毒、通便、杀虫之效。嫩茎叶可作野菜或饲料。

物语： 提起酸模，只觉得满口生津。它的酸，既不像酸果夹着甜味，又不像陈醋酸味单一，而是捎带着青草的气息，格外清新爽口。

齿果酸模

拉丁名：*Rumex dentatus* L.

科　属：蓼科酸模属

花果期：4—6 月

多年生草本。主根粗壮，茎直立，高 20 厘米—80 厘米，多分枝，具棱槽。叶长圆形，长 4 厘米—12.5 厘米，宽 2 厘米—3.5 厘米，先端急尖而钝或圆钝，基部浅心形或近圆形，叶缘不规则浅波状，两面均有粒状细点；叶柄长 1.5 厘米—5 厘米，基生叶柄较长，茎上者向上渐短；托叶鞘膜质，易破裂。花两性；穗状的总状花序腋生和顶生，圆锥状复花序，长可达 37 厘米，每花簇有多花，轮状排列，花轮间断疏生，基部皆具苞叶；苞片短小，膜质；花梗较粗壮，近基部具关节；花被片 6，2 轮，黄绿色，内轮 3 片果实增大，长卵形，两侧边缘通常各生 2—4 枚长短不一的针刺，每片背面中部有黄褐色长卵形瘤状突起，外轮 3 片卵形，稍小；雄蕊 6，花丝短，花药稍长；花柱 3。瘦果卵形，具 3 锐棱。

生于路旁荒地、沟边、河滩、堤埂等湿处。产安徽各地。

根、叶供药用，有清热解毒、凉血止血、杀虫之效，可治各种出血，外用治癣；亦可为农药。

物语：在河南一带，齿果酸模有个很好记的名字，叫作“野菠菜”。虽然菠菜属于藜科，但两者青汪汪的肉质叶片，确有几分神似。很多时候，那些粘着泥土气息的质朴说法，更为生动和切中肯綮。

羊 蹄

拉丁名：*Rumex japonicus* Houtt.

科 属：蓼科酸模属

花果期：4—6 月

多年生草本。根粗壮，黄褐色。茎直立，高 20 厘米—100 厘米以上，不分枝或分枝，具棱槽。叶长圆形或披针状长圆形，长 7 厘米—31 厘米，宽 1.5 厘米—10 厘米，先端急尖而钝头，基部心形、近圆形或阔楔形，稍下延，边缘微波状皱褶，两面密生粒状细点，叶柄长 1 厘米—12 厘米，基生叶柄长，粗壮，基部呈鞘状扩展，茎生叶柄向上渐短；托叶鞘膜质，易破裂而早落。花两性；顶生圆锥状花序较紧缩而狭长达 25 厘米，每花簇有多花，轮状排列，花轮基部偶有具 1 苞叶者，果时花轮连续而成密穗状果序；花梗细长，中部以下具关节，花被片 6，2 轮，淡绿色，长约 2.5 毫米，内轮 3 片较大，卵形，边缘具不整齐细锐齿，各片背部中脉中下部皆有发达的淡褐色长卵形瘤状凸起，外轮 3 片稍小，卵椭圆形；雄蕊 6；花柱 3。瘦果广卵状椭圆形，具 3 锐棱。

生于堤岸、河滩、沟边、田埂等处。主要分布于淮河以南地区。

全草入药，有清热解毒、止血、杀虫、通便之效，外用治癣疥、疮疖等。根富含淀粉，可用于酿酒及提制栲胶。种子可提取糠醛。

物语：与前几种酸模类植物相比，羊蹄的叶片更为阔大，作用更多，药力更强，景观效果也更好。不过它的根茎叶均有小毒，用时需慎。《诗经·我行其野》名之为“蓫”（zhú）。

长刺酸模

拉丁名： *Rumex trisetiferus* Stokes

科 属： 蓼科酸模属

花果期： 5—7 月

一年生草本，全株鲜绿色。茎直立，高 15 厘米—100 厘米以上，粗壮，具明显棱槽。叶长圆形，长 6 厘米—18 厘米，宽 1.5 厘米—5 厘米，先端急尖而钝头，基部楔形，下延至柄，叶缘不规则波状或全缘；托叶鞘膜质，易破裂早落；穗状的总状花序腋生和顶生，全体集为大型圆锥状复花序；花梗细长，近基部具关节；花被片 6，2 轮，黄绿色；内轮 3 片较大，黄褐色，密布凸起之网纹，通常两侧中下部边缘各具 1 硬刺，也有同株具刺或无刺者，外轮 3 片稍小；雄蕊 6；花柱 3。蒴果椭圆形，具3锐棱，黄褐色，有光泽。

生于沟边、河滩、荒地路旁湿处。产安徽各地。

全草可供药用，有消热解毒、止血、杀虫之效；又可为饲料。

物语：远望鲜绿嫩黄，近观细刺密布，这是长刺酸模最吸人眼球的两处，也是它最耐人寻味的地方。这大约也是一种刚柔相济吧。

粟米草

拉丁名：*Mollugo pentaphylla* L.

科　属：粟米草科粟米草属

花果期：7—10月

一年生小草本，高10厘米—30厘米，全体光滑，多分枝。基生叶成莲座状，矩圆状披针形至匙形，茎生叶常3—5片轮生或对生；叶柄短，或近无柄。花小，为腋生或顶生，二歧聚伞花序；总梗细长；萼片5，淡绿色，椭圆形或近圆形，花瓣缺；雄蕊3；子房3室，柱头3，短条形。蒴果卵圆形，3瓣裂；种子多数，细小，肾形，栗褐色。

喜生于湿润旷地或田边。安徽多地可见。

全草供药用，有清热解毒、消暑之效，主治皮肤热疹、结膜炎、疖疮、毒蛇咬伤等症。

物语：粟米草，花梗细弱，花果极小，时常匍匐在地，毫不起眼。可细看之下，却让人折服：3片轮生叶虽包不住茎秆，却照样春绿秋红、油光鉴亮；微花如米，却不失从容，萼翠蕾红，蕊黄瓣白，没有丝毫的马虎和懈怠。即使茎高不盈尺，也棱角分明。

物语：转动着色彩的万花筒，美洲商陆让开花结果变幻莫测，它一会绿蕾一串，一会粉花一团，一会柄红果青，一会又紫果累累，等到熟果脱落，那鲜红的花萼更是招眼。美则美也，此物性毒，其根形似人参，不可误食。

垂序商陆

拉丁名：*Phytolacca americana* L.

科　属：商陆科商陆属

别　名：美洲商陆、洋商陆

花果期：7—10月

多年生直立草本，全体光滑无毛。根肥厚肉质，圆锥形。茎直立，高达1米，带紫红色。叶椭圆状卵形或披针形，全缘。总状花序下垂，顶生或侧生，总梗长达10厘米—15厘米；花被白色，微带红晕；雄蕊10；心皮10，合生。浆果扁球形，由10个分果组成，成熟时红紫色。

多生于林下、路边、宅旁及荒野湿润处。原产美洲，安徽各地逸为野生。

根供药用，治白带，风湿，并有催吐作用。叶解热，可治脚气。种子能利尿，有解毒作用。全草可作农药。

一年生肉质草本。茎下部匍匐，披散，上部斜升，光滑无毛，带紫红色。叶互生或对生，楔形矩圆形或倒卵形，长10毫米—25毫米，宽5毫米—15毫米，先端圆或微凹，基部阔楔形，全缘。花3—5朵生枝顶端；萼片2；花瓣5，黄色；雄蕊10—12；子房半下位，1室，花柱顶端4—6裂，线形，伸出雄蕊上。花期夏季。蒴果圆锥形，盖裂；种子细小，多数，肾状卵形，黑色，表面有小疣状突起。

生于田间、路旁、沟边、河滩。产安徽各地。

全草供药用，有清热解毒、治菌痢之功效，亦可作蔬菜食用。

马齿苋

拉丁名：*Portulaca oleracea* L.

科　属：马齿苋科马齿苋属

别　名：马齿菜

花果期：5—10月

物语：旱也好，涝也好；壤土也好，沙土也好；播种也好，扦插也好；马齿苋（xiàn）总能旺盛地生长。即使被采摘下来，不拌上稻草灰揉搓，不用滚水浇烫，也难能晒干它。马齿苋的生命力就是这么顽强。

球序卷耳

拉丁名： *Cerastium glomeratum* Thuill.

科　属： 石竹科卷耳属

别　名： 粘毛卷耳、婆婆指甲菜

花果期： 3—6 月

二年生草本，全株密生长柔毛。茎直立，丛生，高 6 厘米—30 厘米，下部带紫红色，上部绿色。基生叶匙形，上部叶通常卵形至椭圆形，长 1 厘米—2.5 厘米，宽 1 厘米—1.5 厘米，全缘，叶端短尖或钝尖，叶基圆形或宽楔形，两面密被柔毛，叶柄甚短。二歧聚伞花序顶生，基部有叶状苞片；花梗长约 2 厘米，有柔毛；萼片 5；披针形，绿色，边缘有腺毛，萼片长 3 毫米—4 毫米，宽约 1 毫米；花瓣 5，白色，倒卵形，先端 2 裂；雄蕊 10，花药黄色；子房卵圆形，1 室。花柱 4—5。蒴果圆柱形，10 齿裂；种子近三角形，褐色，密生小疣状突起。

生于田野、路旁、沟坡、林下。沿江流域多见。

全草药用，治乳痈、小儿风寒、咳嗽，并有降压作用。

物语： 满身柔毛，顶簇花团，花开时蕊黄瓣白，沉静素朴。球序卷耳彼此相拥，互为守望，同沐明媚春光，共织阳春丽景。

繁　缕

拉丁名：*Stellaria media* (L.) Cyr.

科　属：石竹科繁缕属

别　名：鹅肠菜

花果期：4—10 月

物语：叶青花白，茎细枝蔓。初春时节，繁缕的小白花星星点点地撒在阴湿的绿地上，比起姹紫嫣红的热闹来则是另一份情趣。它的每一个花瓣都因为裂成两半而活像个兔耳朵。它的花虽小，花期却很长，即使入了秋，也仍可见到它的身影。

一年生或二年生草本，高达 10 厘米，茎纤弱，有时略带紫色，叉状分枝，有一行短柔毛。上部叶卵形，长 0.5 厘米—2.5 厘米，宽 0.5 厘米—1.8 厘米，顶端尖，基部圆形或阔楔形，全缘，常有缘毛，无柄；下部叶卵形或心形，具长柄。花单生于叶腋或顶生成疏散的聚伞花序；花梗纤细，花后不下弯或稍下弯；萼片 5，披针形，外面有柔毛，边缘膜质，花瓣 5，白色，2 裂达基部，短于萼片；雄蕊通常 3—5；子房圆卵形，花柱 3。蒴果圆卵形或长圆形，长于宿存之萼，熟时顶端 6 瓣裂；种子圆形，黑褐色，边缘具半球形疣状突起。

生于田间、路旁、溪边。产安徽各地。

全草药用，有消炎、通筋之效。嫩苗可作蔬菜或作饲料。

王不留行

拉丁名： *Vaccaria segetalis*（Neck.）Garcke

科　属： 石竹科麦蓝菜属

别　名： 麦蓝菜

花果期： 4—8 月

一年生或二年生草本，高 40 厘米—70 厘米，全株无毛。主根短浅；茎直立，淡绿色，上部分枝。叶对生，无柄，卵状椭圆形至卵状披针形，长 5 厘米—6 厘米，宽 1.5 厘米—2.5 厘米，全缘，灰绿色。聚伞花序顶生；花梗长 1 厘米—4 厘米，下部有 2 披针形叶状小苞片；萼筒卵形，长约 1 厘米；花瓣 5 枚，粉红色，倒卵形，先端全缘或有微齿，基部具长爪。蒴果卵形，包于宿存萼内，顶端 4 裂；种子黑色，球形，有粒状突起。

生于低山地区路旁、草地、园圃、沟边和麦田中。产安徽各地。

种子药用，作催乳剂，外用止血、镇痛、治疮肿。种子含淀粉，可造醋和酿酒，种子油可作机器润滑油用。

物语： 李时珍在《本草纲目》中有曰：“此物性走而不住，虽有王命不能留其行，故名。”看不出如此妩媚之花，却有着这般铿锵之性。

藜

拉丁名： *Chenopodium album* L.

科 属： 藜科藜属

别 名： 灰灰菜

花果期： 6—10月

一年生草本，高50厘米—120厘米。茎直立，粗壮，有条棱和绿色或紫色条纹，多分枝。下部叶菱形、三角形或卵状三角形，长2厘米—6厘米，宽2.5厘米—5厘米，边缘有不整齐的锯齿；上部叶较小，多呈披针形，锐尖，全缘或略有锯齿，上面绿色，下面灰绿色，两面有粉；叶柄和叶片近等长。圆锥状花序腋生或顶生。胞果完全被花被所包或稍露，种子横生，双凸镜状，光亮。

生于路旁、河滩及田间。产安徽南北各地。

全草入药，能止泻痢、止痒。种子可榨油，供食用及工业用。幼苗为饲料，也可食用。

物语： 藜（lí）是乡间极普通的野菜，韩非的“藜藿之羹”、曹植的“予甘藜藿”皆取此意。老藜茎可做杖，轻而坚实，所以才有杜甫“杖藜徐步立芳洲”的漫兴之诗。不过《楚辞》却视其为恶草。

地　肤

拉丁名： *Kochia scoparia* (L.) Schrad.

科　属： 藜科地肤属

别　名： 扫帚菜

花果期： 7—10 月

物语： 徐光启在《农政全书》中曾说地肤“可为恒蔬”，在物质匮乏的年代，这个评价很高。地肤即使蓬蓬松松地长到半人高，也依然青绿柔嫩，可供采食。深秋落了籽，茎则可扎扫帚，故名“扫帚菜”。

一年生草本，高 50 厘米—100 厘米。茎直立，圆柱形，淡绿色或浅红色，幼时有短柔毛，后变无毛。叶披针形或条状披针形，长 3 厘米—8 厘米，宽 3 毫米—7 毫米，先端渐尖，基部渐狭，全缘，两面无毛或有短柔毛。花两性或雌性；1—2 朵生于上部叶腋，集成稀疏的穗状圆锥花序，花下有白色长柔毛；花被 5 裂，裂片近三角形，中部以下合生，果时背面各横生 1 翅状附属物，其端呈三角形或倒卵形，有时近扇形，膜质，边缘微波状或具缺状；花丝丝状；花柱极短，柱头 2，丝状。胞果扁球形；种子卵形，长 1.5 毫米—2 毫米，黑褐色，胚乳块状。

生于荒野、路边及河畔沟旁，亦有栽培。产安徽各地。

嫩苗可食。全草药用，为利尿剂，能清湿热。其果实称“地肤子”，为常用中药。种子含油，供食用及工业用。

青　葙

拉丁名： *Celosia argentea* L.

科　属： 苋科青葙属

花果期： 5—10 月

物语：青葙（xiāng），也叫“野鸡冠花”，夏日的稻田边、湖岸上以及山坡路旁最为常见。粉粉的一大片，招蜂引蝶。独立河畔，又总是另一番风姿绰约。

一年生草本，全体无毛，高 30 厘米—100 厘米。茎直立，具明显条纹。叶片矩圆状披针形或披针形，少数卵状矩圆形，长 5 厘米—8 厘米，宽 1 厘米—3 厘米。花多数，密生，在茎端或枝端成单一、无分枝的塔状或圆柱状穗状花序，长 3 厘米—10 厘米，苞片及小苞片披针形，长 3 毫米—4 毫米，白色，花被片 5，矩圆状披针形，干膜质，长 6 毫米—8 毫米，初为白色，顶端带红色或全部粉红色，后成白色；花丝长 5 毫米—6 毫米，花药紫色；子房有短柄，花柱红色，露出花被，柱头 2 裂。胞果球形，包在宿存花被内；种子扁圆形，黑色，有光泽。

生于平原、田边、沟坡。产安徽各地。

全草有清热、利湿功效。种子入药，清肝火、明目、杀虫。嫩茎叶作蔬菜、饲料。

刺　苋

拉丁名：*Amaranthus spinosus* L.

科　属：苋科苋属

花果期：5—11 月

一年生草本，高 30 厘米—100 厘米。茎直立，多分枝，绿色，有时带紫色，无毛。叶狭卵形或卵状披针形，长 3 厘米—10 厘米，宽 1 厘米—4 厘米，全缘；叶柄长 1 厘米—8 厘米，无毛；基部两侧各有一坚硬针刺，刺长 5 毫米—10 毫米。花单性或杂性；圆锥状或穗状花序顶生或腋生。胞果矩圆形，包在宿存花被内，盖裂；种子近球形，直径约 1 毫米，黑色或带棕褐色。

生于旷地或园圃，在较阴湿处常成片繁生。产安徽各地。

幼苗可作蔬菜或饲料。全草药用，有清热解毒、散血消肿的功效。

物语：在物质匮乏的年代，生命力极强的刺苋自然是餐桌上的美味，只是采摘它不容易。先要按住其嫩梢，再贴地剪下全棵，然后去掉刺，把茎叶分离，腌上一两天，蒸出来，淋上油，那真会令人提箸而叹，天下美食不过如此。

绿穗苋

拉丁名：*Amaranthus hybridus* L.

科　属：苋科苋属

花果期：7—10月

一年生草本，高30厘米—50厘米。茎直立，具开展柔毛，有分枝。叶卵形或菱状卵形，长3厘米—10厘米，宽1.5厘米—5厘米，边缘波状，上面近无毛，下面疏生柔毛；叶柄长1厘米—6厘米。穗状花序集成圆锥花序，顶生，细长，中间花穗最长苞片及小苞片钻状披针形，中脉坚硬向前伸出成尖芒；花被片矩圆状披针形，顶端锐尖；柱头3—2。胞果卵形，环状横裂；种子近球形，黑色，直径约1毫米。

生于沟渠堤旁或田野、旷地。广布安徽各地。

可食用或作饲料。

物语：无论身处何处，绿穗苋总喜欢昂首挺立，即便叶面天生粗糙，也片片舒展。花无亮眼之处，穗却散发着勃勃生机，好似万千子孙，济济一堂。

牛　膝

拉丁名： *Achyranthes bidentata* Bl.

科　属： 苋科牛膝属

花果期： 7—11 月

多年生草本，高 70 厘米—110 厘米。根圆柱形，土黄色；茎直立，方形，节膨大。叶对生，叶片矩圆形或椭圆状披针形，长 4.5 厘米—12 厘米，宽 2 厘米 —7.5 厘米，全缘；叶柄长 0.5 厘米—3 厘米。穗状花序顶生或腋生，长 3 厘米—5 厘米，花后总梗伸长，花下折，贴近总花梗；每花有 1 苞片，顶端突出成刺状；小苞片 2 枚，顶端坚刺状；花被片 5，披针形，顶端急尖；雄蕊 5。胞果矩圆形，长 2 毫米—2.5 毫米，黄褐色，光滑。

生于林下、田野、沟边、湖畔。广布安徽各地。

根及全草药用，活血行瘀，通利关节。

物语： 比起牛膝花，牛膝基部的节间膨大更引人注目，膨大处油光红亮，像是茎秆上生出的蓓蕾。古人极富想象力，正是根据膨大如膝的特点，给牛膝命了使人过目难忘的大名。

莲子草

拉丁名：*Alternanthera sessilis* (L.)DC.

科 属：苋科莲子草属

别 名：满天星、虾钳菜

花果期：6—10月

物语：莲子草在广州，还有一个好听而形象的名字，叫作“节节花”。虽然花貌平常，但密簇花团，也别有一番风味。而入秋后，莲子草茎红花白叶多彩，更有其独到之处。

一年生草本。茎多分枝，常横卧地上，长达10厘米—45厘米，绿色或稍带紫色，有条纹或纵沟，沟内有柔毛，节处有一行横生柔毛。叶对生，条状披针形至倒卵状长椭圆形，长1厘米—8厘米，宽2毫米—20毫米，先端尖或钝，基部渐狭成短柄，全缘或有不明显的锯齿。头状花序1—4，腋生，无总花梗，初为球形，后渐成圆柱形，花密生，花轴密生白色柔毛；苞片及小苞片白色，膜质；花披片5，宽披针形，长2毫米—3毫米，白色；雄蕊3，花丝基部连合成杯状，退化雄蕊狭长三角形，全缘；花柱极短。胞果倒心形，侧扁，边缘有狭翅；种子卵球形。

生于沟塘田边或路边潮湿处。产长江以南各地。

全株入药，有清热解毒、凉血功效。嫩叶可食或作饲料。

喜旱莲子草

拉丁名: *Alternanthera Philoxeroides* (Mart.) Griseb

科　属: 苋科莲子草属

别　名: 水花生、革命草

花果期: 6—10 月

物语: 喜旱莲子草本是引种植物，人们看中的正是它旺盛的生命力，它在茎节处生有须根，水里、泥里皆可生长。可它疯长过盛，则会造成堵塞航道、影响鱼类生长、甚至群落物种单一化的负面效应，成为令人头疼的水草。

多年生宿根性草本。匍匐茎节处生有须根，悬垂水中或扎入泥中。茎中空，上部直立，具分枝。叶矩圆形、矩形状倒卵形，长 2.5 厘米—5 厘米，宽 7 毫米—20 毫米，先端急尖或圆钝，基部渐狭，全缘，下面有小颗粒状突起。头状花序单生于叶腋，花序梗长 1 厘米—5.5 厘米；苞片及小苞片白色、膜质，顶端渐尖，具 1 脉，苞片卵形，长 2 毫米—2.5 毫米，小苞片披针形，长 2 毫米；花被片 5，卵状披针形，长 5 毫米—6 毫米；两性花有能育雄蕊 5 枚，花丝膜质，有与其相间生长的退化雄蕊；雄蕊 1，瓶状，柱头头状，子房倒卵形，1 室；有时由于花中的雄蕊转化成雌蕊，使一朵花中出现 6 枚雌蕊，其中 5 枚为不育雌蕊。

生于池沼浅水处或近水的潮湿地区。遍布安徽各地。

全草药用，有清热利尿、凉血解毒作用，亦为绿肥和饲料。

还亮草

拉丁名： *Delphinium anthriscifolium* Hance

科　属： 毛茛科翠雀属

花果期： 3—5 月

物语：还亮草的花，实在精巧生动，好似立于枝头的蓝雀，正欲振翅而飞，总让人生出一份怕惊飞鸟的担心。

一年生草本，茎直立，高 30 厘米—80 厘米。有分枝，无毛或上部疏生反曲的短毛。叶菱状卵形或三角状卵形，长 5 厘米—11 厘米，宽 4.5 厘米—8 厘米；为 2—3 回羽状复叶，羽片 2—4 对，对生，羽状全裂，下部羽片有细柄，二回裂片羽状浅裂，小裂片狭长，披针状卵形或披针形，叶柄长 2.5 厘米—6 厘米。总状花序有 2—15 朵花，生茎端或分枝顶端；基部苞片叶状，其他苞片小，披针形至线状披针形，花长 1 厘米—2 厘米；萼片蓝紫色，钻形或圆锥状钻形；花瓣紫色，上部变宽，不等 3 裂，无毛。蓇葖果长 1 厘米—1.6 厘米；种子扁球形。

生于低山、丘陵的山坡草丛或溪边草地。产皖南、皖西等地。

全草药用，治风湿骨痛，外涂治痈疮癣癞。

天　葵

拉丁名：*Semiaqulegia adoxoides*（DC.）Makino

科　属：毛茛科天葵属

别　名：紫背天葵

花果期：3—5 月

多年生小草本。块根长 1 厘米—2 厘米，粗 3 厘米—6（10）厘米，外皮棕黑色。茎细弱，疏被短柔毛。基生叶多数，一回三出复叶，叶片轮廓圆形至肾形，长 1.2 厘米—3 厘米，小叶片扇状菱形至倒卵状菱形，长 0.6 厘米—2.5 厘米，宽 1 厘米—2.8 厘米，3 深裂，深裂片顶端有缺刻状钝齿，两面无毛；叶柄长 3 厘米—12 厘米；茎生叶叶片较小，叶柄较短或无。花序有 2 至数花；花小，直径 4 毫米—6 毫米；花梗长 1 厘米—2.5 厘米，被白色短毛；萼片白色，但常带紫色，顶端急尖；花瓣淡黄色，顶端近截形，下部管状，基部凸起呈囊状；退化雄蕊线状披针形，与花丝近等长；心皮无毛。蓇葖果长 6 毫米—7 毫米，宽约 2 毫米；种子卵状椭圆形。

生于疏林下、路旁或山谷较阴湿处。产皖南及淮河以南各地。

根药用，有清热、消肿功效，亦可作土农药。

物语：有时候，观叶比赏花更有意趣，天葵正是如此。它的三出复叶疏淡随性，叶面像轻涂着一层薄粉沉着淡定，叶底却深藏紫气，满怀热情。

扬子毛茛

拉丁名： *Ranunculus sieboldii* Miq.

科　属： 毛茛科毛茛属

花果期： 5—11月

多年生草本，茎直立，高25厘米—80厘米，上部有分枝，与叶柄均密生开展的黄白色糙毛。三出复叶，叶片宽卵形至肾圆形，长3厘米—6厘米，宽3厘米—9厘米，小叶卵形至宽卵形，边缘密生锯齿，侧生小叶2—3裂；基生叶和下部叶有长柄，渐上渐短至近无柄。疏散的聚伞花序生茎或分枝顶端；花梗长2厘米—5厘米；萼片卵形，开展；花瓣椭圆形，长5毫米—6毫米，约为宽的2倍，基部狭窄成爪，蜜槽上有倒卵形小鳞片，花托长圆形，生白色短毛。聚合果近球形，直径约1厘米；瘦果扁平无毛，边缘有棱翼，喙基部宽扁，顶端弯钩状。

生于丘陵田边、沟旁湿地。产皖南、皖西山区。

全草含有原白头翁素，有解毒、消炎作用；又可作土农药。

物语： 扬子毛茛（gèn）在花果未现之前，很容易被当作水芹菜，若误食，会有一定的危险。

茴茴蒜

拉丁名： *Ranunculus chinensis* Bunge

科　属： 毛茛科毛茛属

花果期： 5—9月

物语：说是蒜，却入不得口。仔细看看，不难发现扬子毛茛和茴茴蒜的果实大异，前者小果似球，个个顶举弯钩，后者果如圆柱，满布点状短喙。

一年生直立草本，粗壮、中空、有纵条纹，密生白色或淡黄色糙毛。茎高20厘米—70厘米。叶为三出复叶，叶片宽卵形至三角形，长3厘米—8厘米，顶生小叶具长柄，3深裂，中间裂片倒披针状楔形，侧生小叶柄较短，叶片不等2—3裂；基生叶和下部叶有长达12厘米的叶柄。花序具疏花，花直径6毫米—8毫米，萼片三角状卵形，反折；花瓣倒卵形。聚合果圆柱形，长10毫米—13毫米，宽7毫米—8毫米；瘦果扁平，椭圆形，长约3.2毫米，宽约2毫米，无毛，边缘有棱，喙极短，点状。

生水边、溪边湿地。产安徽各地。

全草药用，有消炎、退肿、截疟及杀虫之效。

石龙芮

拉丁名： *Ranunculus sceleratus* L.

科 属： 毛茛科毛茛属

花果期： 5—7月

物语： 与前两者相比，石龙芮(ruì)花小果密，喙短近无，它喜爱成片簇生，一大家子热热闹闹，喜气洋洋。《楚辞·九思·伤时》称其为“堇”（jǐn）。

一年生草本，高10厘米—50厘米。茎直立，上部多分枝。基生叶多数，与下部叶均有长柄，长达15厘米；叶片圆肾形至宽卵形，长0.7厘米—4厘米，宽1厘米—7厘米，3深裂，中间裂片倒卵状楔形，再3浅裂，全缘，先端圆钝，侧生裂片不等2—3裂；茎上部叶较小，3深裂至3全裂，近无柄。聚伞花序具多花，花小，直径4毫米—8毫米；花梗长1厘米—2厘米；萼片5，椭圆形，长2.5厘米—3.5厘米；花瓣5，倒卵形，与萼片等长，基部蜜腺无鳞片；雄蕊10—20；心皮近百枚，无毛；花托于果期伸长呈圆柱形，有毛。聚合果矩圆形，直径8毫米—12毫米；瘦果无毛，喙短至近无。

生河沟边，有时也生于浅水中。产全省多地。

全草含原白头翁素，有毒，药用能散瘀化结、治淋巴结核等症。

刺果毛茛

拉丁名： *Ranunculus muricatus* L.

科　属： 毛茛科毛茛属

花果期： 4—6 月

一年生草本，植株呈莲座状或倾斜上升，高 10 厘米—40 厘米。近无毛，基部分枝。下部叶片近圆形，直径 2 厘米—5 厘米，3 浅裂至 3 深裂，裂片宽卵状楔形；叶柄长 2 厘米—6（12）厘米，上部叶片较小，叶柄较短。花与叶对生，直径 1 厘米—2 厘米；花梗散生柔毛；萼片 5—6 片，长椭圆形，外反；花瓣 5，黄色，狭倒卵形，长 5 毫米—10 毫米；花托疏生柔毛。聚合果球形，直径达 1.5 厘米；瘦果扁平，椭圆形，长约 5 毫米，有宽的边缘，中间有刺，顶端喙长 2 毫米，稍弯。

生于路旁、田野、沟塘边的杂草丛中。产安徽各地。

全草可入药。

物语： 名副其实，刺果毛茛果果生刺，刺刺生威。其实，轻轻触碰一下刺球，它并无任何杀伤力，不过是虚张着声势保护自己。

莲

拉丁名：*Nelumbo nucifera* Gaertn.

科 属：莲科莲属

别 名：荷花、莲藕

花果期：6—10月

多年生水生草本。根状茎肥粗，横走地下，节间膨大，气腔发达，导管丝状，即藕丝；节部缢缩，有黑色鳞片，下生须状不定根。叶圆形，盾状着生，直径50厘米—90厘米，全缘，上面光滑，具白粉，射出脉，有1—2次叉状分枝；叶柄粗壮，圆柱形，长1米—2米，中空，表面有散生小刺。花梗和叶柄等长，也散生小刺。花大而美丽，芳香，花瓣红色至白色，矩圆状椭圆形；花药条形，花丝细长，着生在花托之下，花柱极短，花托直径5厘米—14厘米。坚果椭圆形；种子白色，有肥厚子叶。

自生或栽培于池塘、水田或沟滩。产安徽各地。

全株药用，叶煎水清暑热，藕节作收敛止血药。种子、根状茎可食用，亦作营养滋补品。

物语：莲在古代，素有芙蓉、菡萏（hàn dàn）、芙蕖（qú）之称。从《诗经》开始，它就走入了中国文学的滚滚长河，成为不可替代的文学意象。曹植曾在《芙蓉赋》中赞叹：“览百卉之英茂，无斯华之独灵。”周敦颐则在《爱莲说》中写到：“莲之出淤泥而不染，濯（zhuó）清涟而不妖，中通外直，不蔓不枝；香远益清，亭亭净植；可远观而不可亵玩焉。”莲作为花中君子，深得人们喜爱。它的生命力极强，种子甚至可以存活千年。莲还是佛教的象征物，是印度、越南的国花，在澳门与济南，它们则有区花、市花之誉。莲也常让人想起纪伯伦在《论自知》中的那句名言：“灵魂像一朵千瓣的莲花，自己开放着。”

萍蓬草

拉丁名： *Nuphar pumila* (Hoffm.) DC.

科　属： 睡莲科萍蓬草属

花果期： 5—9 月

多年生水生草本。根状茎粗而横生。叶漂浮于水面，纸质，卵形、宽卵形或椭圆形，长 6 厘米—17 厘米，宽 6 厘米—12 厘米，先端圆钝，基部心形，具弯缺成 2 远离的圆钝裂片，上面光滑无毛，下面密生柔毛；侧脉羽状，数回二歧分枝；叶柄长 20 厘米—50 厘米，有柔毛。花单生在花梗顶端，漂浮于水面，直径 2 厘米—4 厘米；萼片 4—5，革质，黄色，花瓣状，长圆形，长 2.5 厘米，宽 2 厘米；花瓣多数，狭楔形，先端微凹，长 5 毫米—7 毫米，宽 3 毫米—4 毫米，背部有蜜腺；雄蕊多数，花丝扁长，长约 1 厘米；子房上位，由 10—20 枚心皮组成，柱头呈放射状柱头盘，通常 10 浅裂。浆果卵形，不规则开裂，具宿存萼片和柱头。

生于池塘中。产沿江地区。

根状茎药用或食用，有补虚、止血、润肺、止咳、治神经衰弱、止外伤出血之功效。

物语： 萍蓬草，总让人想起古人笔下那些萍飘蓬转的苦旅人生。其实，此萍蓬非彼萍彼蓬也。它生命力极强，根茎深入泥沼，不断横走，以扩大自己的生存地盘。花开时金黄，花柄挺立水中，叶片油光晶亮，是夏日河塘的胜景。

芡　实

拉丁名： *Euryale ferox* Salisb. ex Konig et Sims

科　属： 睡莲科芡属

别　名： 鸡头米、刺莲

花果期： 6—9 月

物语： 要说刺儿头，芡（qiàn）实当之无愧。它的花蕾挺出水面，形似鸡头，上面布满厉刺，叶与茎也处处是刺针。一般人根本不敢触碰它。可它不仅能开出外红内绿的漂亮花朵，还给人们提供珍珠般营养美味的果实。

一年生大型水生草本，多刺。根状茎粗短。叶大，浮于水面，圆形或椭圆形，革质，直径可达 1 米，多褶皱，上面绿色，下面紫色，被黄褐色疏柔毛，射出脉；叶柄粗壮。花单生，挺出水面开放，花梗长而柔软；花大；萼片 4，披针形，外绿，内紫，宿存；花瓣多数，外绿，内红；雄蕊多数，花药内向；子房下位，8 心皮 8 室，柱头扁平，圆盘状。浆果球形，暗紫色；种子球形，直径约 8 毫米，黑色。

生于池塘、湖泊的边缘。产安徽淮河流域及以南地区。

全草可作饲料、肥料。根茎、嫩叶和种子皆可食。种子药用，为滋补壮阳剂，兼有收敛镇静之效，能开胃助气，止渴益肾，治小便不禁、遗精、白带等症。种皮含单宁，可制鞣料。

黄睡莲

拉丁名： *Nymphaea mexicana* Zucc.

科　属： 睡莲科睡莲属

花果期： 7—8月

多年生水生草本，根状茎直生，块状。叶卵圆形，全缘，浮于水面，直径10厘米—20厘米，表面暗绿色，有褐色斑纹，背面红褐色，有黑褐色斑。花黄色，自中午至下午4时开放；花瓣多数，向内逐渐变小；雄蕊多数，黄色。

生于池塘水中。沿江地区湿地公园多有栽培。

供观赏。

物语： 黄睡莲可真是睡美人，中午时分才慵懒地睡醒，下午4点来钟就又进入梦乡。要想一睹娇媚的黄睡莲芳容，必须抓住一天中那短暂的宝贵时光。

白睡莲

拉丁名： *Nymphaea alba* L.

科　属： 睡莲科睡莲属

花果期： 6—10 月

多年生水生草本。根状茎横走。叶近圆形，全缘，两面无毛。花芳香，白色；萼片披针形；花瓣 20—25 片，卵状矩圆形；花托圆柱型；花药先端不延伸，花粉粒具乳突；柱头扁平，具 14—20 辐射线。浆果扁平，半圆形；种子椭圆形。

生于池沼内。沿江地区湿地公园多有栽培。

花供观赏。根状茎可食。

红睡莲（变种）

拉丁名： *Nymphaea alba* L. var. *rubra* Lonnr

科　属： 睡莲科睡莲属

花果期： 7—10 月

多年生水生草本。根状茎横走，黑色。叶近圆形，全缘，幼时带红色。花玫瑰红色，几乎全日开放，花径 10 厘米；萼片 4，外面中央褐绿色，内面白色；花瓣 24 片，粉红或玫瑰红，多轮，卵形或椭圆形；雄蕊的花药与雌蕊的柱头黄色；外轮雄蕊花丝扁平，花瓣状。

生于池沼中。沿江地区湿地公园多有栽培。

供观赏。

物语： 还记得，在纽约大都会博物馆，第一次见到莫奈睡莲画时的震撼，他用随意而神奇的色块，将波光粼粼、盛开着红色睡莲花的水面无限延伸，给人中国诗词中“接天莲叶无穷碧，映日荷花别样红”的独特想象。

物语： “最是那一低头的温柔，像一朵水莲花不胜凉风的娇羞。”白睡莲纤尘不染，纯美娇柔，总让人想起徐志摩的《沙扬娜拉》。

延药睡莲

拉丁名： *Nymphaea stellata* Willd.

科 属： 睡莲科睡莲属

别 名： 蓝睡莲、齿叶睡莲

花果期： 7—12 月

多年生草本；根状茎短，肥厚。叶纸质，圆形或椭圆状圆形，长 7 厘米—13 厘米，直径 7 厘米—10 厘米，基部具弯缺，裂片平行或开展，先端急尖或圆钝，边缘有波状钝齿或近全缘，下面带紫色，叶柄长达 50 厘米。花直径 3 厘米—15 厘米，微香；花梗略和叶柄等长；萼片条形或矩圆状披针形，长 7 厘米—8 厘米，有紫色条纹，但无纵肋，宿存；花瓣白色带青紫、鲜蓝色或紫红色，10—30 片，条状矩圆形或披针形，长 4.5 厘米— 5 厘米，先端急尖或稍圆钝，内轮渐变成雄蕊，雄蕊花药隔先端具长附属物；柱头具 10—30 辐射线，先端成短角，但无附属物。浆果球形；种子具条纹。

生于池塘中。沿江各地湿地公园多有栽培。

花供观赏。根状茎可煮食。

物语： 蓝睡莲，总是姿态优雅地摇曳在水面，丝丝缕缕的淡香，如梦如幻的蓝韵，使盛夏清凉，使躁动安逸，使喧哗宁静。

金鱼藻

拉丁名： *Ceratophyllum demersum* L.

科　属： 金鱼藻科金鱼藻属

花果期： 6—10月

物语： 金鱼藻纤细的茎，条形的轮状叶片，在水中自然舒展。微风掠过，它在水底招摇，大约正是这份妩媚，撩动了徐志摩《再别康桥》的情思。

多年生沉水或浮水草本。茎纤细，多分枝。8—10叶轮生，1—2回二歧分叉，裂片细条形，边缘仅一侧有数细齿；无柄，在水中自然展开。花小，腋生，无柄；雄花具8—12枚先端有3齿及带紫色毛的苞片；雄蕊10—16；雌花具9—10苞片；子房卵形，1室，花柱钻形。坚果宽椭圆形，平滑，边缘无翅，有3长刺，顶生刺由宿存花柱变成，先端具钩，侧生2刺生于果实基部，向下斜伸，顶端渐细成针状。

生于池塘、河沟、湖泊近岸处。产沿江众水域。

全草可作鱼、鸭、鹅、猪的饲料，也可作绿肥，药用能治内伤吐血。茎叶沉于水中，散发开来，有清洁污水的作用。

黄 堇

拉丁名：*Corydalis pallida* (Thunb.) Pers.

科 属：紫堇科紫堇属

别 名：断肠草

花果期：3—6月

多年生草本，无毛，具直根。茎高15厘米—50厘米，红色，有棱。叶下有白粉，长20厘米，2—3回羽状全裂，小裂片卵形至狭卵形。有柄，总状花序长可达15厘米，花黄色，形大；苞片狭卵形至线形；萼片小；上面花瓣长1.5厘米—2厘米，距圆筒形，末端膨大，距长6毫米—8毫米。蒴果串珠状，长达3.5厘米—4厘米；种子黑色，扁球形，直径1.5毫米—2毫米，表面密生圆锥状小突起。

生于沟边、石缝或林下阴湿处。产皖南、皖西等地。

全草有毒，药用时宜慎。

物语：在清明时节的纷纷细雨里，皖南黄堇最为惹眼，远望好似黄金铺地，近前则是万花妖娆。叶缘镶了紫边，且缀着晶莹的珍珠，茎秆光滑红润，黄花如飞鸟，绿荚似翘檐，颇得造物主青睐。不过，它的美绝不容侵犯，它又名“断肠草”，可不好招惹。

刻叶紫堇

拉丁名： *Corydalis incise* (Thunb.)Pers.

科　属： 紫堇科紫堇属

花果期： 3—5 月

物语： 紫堇科家族的成员，个个美轮美奂。和近亲黄堇一样，刻叶紫堇也是美毒兼具，不过，真要论其长短，它的粉紫和紫蓝色，则在早春的风景里更胜一筹。

二年生或多年生草本。无毛；须根纤维状，块茎狭椭圆形；茎高 10 厘米—50 厘米，直立，红色，有 5 条纵棱。叶互生，三出二回羽状分裂，裂片长圆形，复作羽状深裂，小裂片顶端多缺刻。总状花序长 3 厘米—10 厘米；苞片菱形或楔形，一或二回羽状深裂，小裂片狭披针形或钻形，锐尖；萼片小；花瓣紫色或紫蓝色，前端紫色，上面花瓣长 1.6 厘米—2 厘米，距约为花瓣全长的 1/2，末端钝圆，略向下弯曲，下面花瓣基部稍呈囊状。蒴果椭圆状长条形，略扁，长约 1.5 厘米，径约 2 毫米，成熟时下垂；种子黑色，有光泽，近圆形。

生长山坡林下、沟边等处。产皖南、皖西等地。

全草入药，能杀虫，不宜内服。

印度蔊菜

拉丁名： *Rorippa indica*（L.）Hiern

科 属： 十字花科蔊菜属

花果期： 3—10 月

一年生草本，有毛或无毛。茎直立，高 20 厘米—50 厘米，分枝，有纵条纹，有时带紫色。基生叶和茎下部叶有柄，柄基部扩大，稍抱茎，叶片卵状披针形，通常提琴状羽裂，长 4 厘米—10 厘米，宽 1.5 厘米—3 厘米，顶端裂片卵圆形，边缘具不整齐的齿牙状锯齿，侧生裂片 2—5 对，向下渐小，狭长圆形，通常全缘，两面无毛；上部茎生叶无柄，向上渐小，多不分裂，基部抱茎，边缘有不整齐锯齿。总状花序顶生；花小，花梗长 2 毫米—5 毫米；萼片长圆形，长约 2 毫米；花瓣黄色，匙形，与萼片等长或稍长。长角果圆柱形，长 1 厘米—2.5 厘米，宽 1 厘米—1.5 厘米，斜上开展，稍弯曲；果梗长 3 毫米—7 毫米；宿存花柱长 1 毫米—2 毫米；种子 2 列，多数，细小，卵形，褐色。

生于荒坡、田埂、林缘、沟渠边等处。产安徽南北各地。

全草药用，有清热解毒、活血通经、止咳化痰、健胃利水等功效。

物语：尽管十字花科中的很多植物都成了人类的盘中餐，好比萝卜和白菜，印度蔊（hàn）菜还是坚持着自己的药用价值，它只愿做大夫的帮手，不肯去厨娘的灶头。

垂盆草

拉丁名：*Sedum sarmentosum* Bunge

科　属：景天科景天属

别　名：豆瓣菜

花果期：5—8 月

多年生草本，长 10 厘米—25 厘米。不育枝匍匐，节处生根，花枝直立。叶常为 3（偶为 4）叶轮生，倒披针形至长圆形，长 1.5 厘米—2.8 厘米，宽 3 厘米—7 厘米，先端近急尖，基部急狭，无柄，有距。聚伞花序疏松，宽 5 厘米 —6 厘米，有 3—5 分枝，花少，无梗；萼片 5，披针形至长圆形，先端钝，基部无距；花瓣 5，黄色，披针形至椭圆形；雄蕊 10，较花瓣短；鳞片 10，楔状四方形，先端稍有微缺；心皮 5，长圆形，略岔开。蓇葖果有长的宿存花柱；种子细小，卵形，无翅，表面有乳头状突起。

生于林下、沟边等阴湿地。产安徽各地。

全草药用，能清热解毒，为治疗肝炎的有效药物；亦可作观赏用。

物语：豆瓣般的 3 片肉质叶，鲜绿娇嫩；星星状的聚伞黄花，瓣瓣精致。节处生根，是它独特的生存个性。躺卧之中，它从不忘寻找新的生命空间。

虎耳草

拉丁名：*Saxifraga stolonifera* Curt.

科　属：虎耳草科虎耳草属

别　名：老虎草、石荷叶

花果期：5—8月

物语：虎耳草虽株型矮小，花叶却别具风采。白色的叶脉，自由穿行于绿而多毛的叶面；花瓣大小迥异，恰如漫空轻舞的白蝶。

多年生草本，高14厘米—45厘米。匍匐茎细长，分枝，红紫色。叶通常基生，有长柄，肉质多汁，密被长柔毛，圆形至肾形，长2厘米—7厘米，宽3厘米—12厘米，有不规则的浅钝锯齿，叶两面均长伏毛，叶上面绿色，沿各脉常有白色斑纹，叶下面及叶柄紫红色，叶柄长5厘米—10厘米或更长，有长柔毛。花茎高15厘米—50厘米，花序圆锥状，长10厘米—20厘米；花瓣5，上方3枚，长约3毫米，有黄斑及紫斑，下方2枚披针状椭圆形，长10毫米—20毫米，白色，无斑纹；雄蕊长4毫米—7毫米，花丝棍棒状。蒴果卵圆形，长4毫米—5毫米，2裂；种子卵形。

生于阴湿沟坡、林下或石缝中。产安徽各地。

全草药用，有清热解毒、祛风止痛的功效，主治中耳炎、皮肤红疹、疮疖等症；也可盆栽供观赏。

龙芽草

拉丁名：*Agrimonia pilosa* Ldb.

科　属：蔷薇科龙芽草属

别　名：仙鹤草

花果期：7—10月

物语：龙芽草叶片厚硬，入秋后叶脉深陷叶面，有雕刻一般的刚毅之美。而花穗则婉约柔媚，如仙鹤踱步绿茵，在引颈歌天之中，透出安闲和轻灵。

多年生草本，高30厘米—120厘米，全株密生长柔毛。茎常具纵条纹，上部分枝。奇数羽状复叶，互生；小叶3—9，杂有小形叶片，小叶椭圆形或倒卵状披针形，长3厘米—6.5厘米，宽1厘米—3厘米，先端急尖，基部楔形，边缘具粗锯齿；两面均疏生柔毛，下面有多数腺点，无柄；托叶近卵形，基常歪斜，边缘具数枚粗齿。顶生总状花序具多花，被长柔毛；苞片细小，常3裂；花黄色，直径6毫米—9毫米；萼筒倒圆锥形，外面有槽并被毛，顶端生1圈钩状刺毛，萼片5；花瓣5，长圆形，长于萼片；雄蕊10；心皮2，花柱2，柱头头状。瘦果包于倒圆锥形萼筒内，有直立刺，萼片宿存。

生于低山荒草坡、林缘、林下灌丛中及溪沟边。产安徽多地。

全草入药，有止血、收敛、消炎之功效，主治内脏或外伤出血。

地 榆

拉丁名：*Sanguisorba officinalis* L.

科 属：蔷薇科地榆属

花果期：8—11 月

多年生草本，全株无毛，根粗壮，长达 35 厘米，单一或分枝，圆锥状、圆柱状或长棒状，表面深褐色，断面淡红色或米黄色；茎上部多分枝，有棱。奇数羽状复叶，互生，有长柄；小叶 2—7 对，长椭圆形或卵状长椭圆形，长 2 厘米—6 厘米，宽 5 毫米—30 毫米，先端钝，基部心形，边缘锯齿状，具柄；托叶叶状，抱茎；斜卵形。穗状花序直立，圆柱形或稍短，暗红紫色；花小型，密生；有膜质小苞片，披针形；萼裂片花冠状，广椭圆形，紫红色，基部有毛；雄蕊 4；心皮 1 枚，花柱短于雄蕊。瘦果四棱形，褐色。

生于山坡草地、灌丛中、沟边及林缘路旁。产皖西和皖南地区。

根部药用，外用治疗烧伤、水火烫伤。

物语：地榆之美，不仅在其亭亭直立的花序，在其锯齿生动的蜡质叶片，更在其深入地下一尺有余粗壮有力的褐色根脉。正是这份深深的情义，才给予地榆骄阳下盛放的底气。

翻白草

拉丁名： *Potentilla discolor* Bge.

科　属： 蔷薇科委陵菜属

花果期： 5—9 月

多年生草本，高 15 厘米—40 厘米。具块根。茎多伏卧，有时直立或斜生，基部多分枝，全株密生白色绒毛。奇数羽状复叶；基生叶有小叶，叶柄长达 15 厘米；小叶卵状长圆形，先端圆形，尖，基部宽楔形，边缘具粗齿，上面绿色，无或有疏毛，下面密被白色绒毛，无柄。聚伞花序；花黄色；萼片 5，外被绒毛；花瓣 5。雄蕊多数；心皮多数，子房无毛，花柱顶生，锥状。瘦果肾形，径约 1 毫米。

生于低山丘陵阳坡、路旁、河畔或其他杂草丛中。产安徽各地。

全草入药，有清热解毒、止血功效。块根富含淀粉，生、熟根及其嫩苗均可食。

物语： 翻开叶片，自然就明白了翻白草得名的由来。直截了当，生动形象。很多时候，简约本身就是一种无可超越的美。

蛇 莓

拉丁名：*Duchesnea indica* (Andr.) Focke

科 属：蔷薇科蛇莓属

别 名：蛇泡果

花果期：6—11 月

物语：鲜艳欲滴的蛇莓果，是孩子们的最爱，但是这种形似草莓，看起来很美，吃起来酸甜的小草果，却性凉微毒，不宜食用。

多年生冬绿草本，全株被绢状长柔毛。匍匐茎细长，分枝，有时淡红色，节处长生不定根。三出复叶，多基生，叶柄细长，长 5 厘米—15 厘米，茎生叶柄略短，长 1 厘米—6 厘米；小叶菱状卵形或倒卵形，长 1 厘米—4 厘米，宽 8 毫米—25 毫米，边缘具粗齿。托叶椭圆状披针形。花两性，黄色，单生于叶腋，直径 0.8 厘米—2 厘米。花瓣 5，宽倒卵形或长椭圆形；花托扁平，果期膨大。聚合果球形，瘦果近圆形，直径约 1 毫米，鲜红色，无毛。

生于低山丘陵地、草坡、湖畔或房前屋后潮湿处。广布安徽各地。

全草药用，有清热解毒、活血、收敛等功效。

蛇含委陵菜

拉丁名：*Potentilla kleiniana* Wight et Arn.

科 属：蔷薇科委陵菜属

花果期：4—8月

物语：蛇含委陵菜时常匍匐于地，四处延伸着自己纤细而坚韧的枝茎。它与蛇莓同科不同属，两者花形色均似，只在叶上区别明显。蛇莓为三出复叶，蛇含委陵菜则深裂为鸟足状，5叶居多。晚秋时节，蛇含委陵菜之叶红绿相间，叶美更胜于花。

多年生草本，全株生柔毛。多须根；茎平卧多分枝，高10厘米—50厘米。5—3小叶掌状复叶，柄长达15厘米；小叶倒卵形或长圆状披针形，有时小叶基部毗连，边缘锯齿粗或仅中上部有齿，下部全缘，无柄；茎生叶较小；托叶膜质，基部与叶柄贴生。聚伞花序；花梗有白色柔毛；花黄色；萼片披针形，副萼片线状披针形，两者略等长；花瓣倒卵形，先端圆形或微凹；雄蕊多数；心皮多数，子房无毛，花柱顶生，锥状；花托微有毛，随成熟瘦果一同脱落，顶端毛稍多。蒴果近圆形，有窄齿状皱纹。

生于田边、沟旁、荒地等潮湿处。产沿江各地。

全草入药，有清热解毒、收敛止血之效。

含羞草

拉丁名： *Mimosa pudica* Linn.

科　属： 豆科含羞草属

别　名： 知羞草

花果期： 5—8 月

多年生草本，全株散生锐刺和倒刺毛，高约 40 厘米。茎直立，多分枝，基部木质化。二回羽状复叶，总叶柄长 4 厘米—6 厘米，羽片 2—4 个，掌状排列；各羽片通常具 7—24 对小叶，小叶长圆形，通常在夜间或受到他物碰触时，小叶即渐闭合而下垂；托叶披针形，边缘有纤毛。头状花序，2—3 个生于叶腋；花小，淡红色。荚果扁平，长 1.2 厘米 —2 厘米，宽约 0.5 厘米，边缘有刺毛，具 3—4 节；种子阔卵形，长 3.5 毫米。

生于山坡丛林及路旁的潮湿地。安徽公园多有栽培，为习见观赏植物。

全草药用，能安神镇痛、止血收敛、散瘀止痛。种子可榨油。

物语： 轻轻一碰，含羞草的羽状叶片就敏感地低下头来，像个害羞的小姑娘。知羞，也是修身的重要途径。所谓“好学近乎知，力行近乎仁，知耻近乎勇。知斯三者，则知所以修身”。

豆茶决明

拉丁名： *Cassia nomame* (Sieb.) Kitagawa

科　属： 豆科决明属

花果期： 6—9 月

一年生草本。茎直立，单一或多分枝，稍有绒毛。羽状复叶，8—28对小叶，线状长圆形，先端锐尖，全缘；有托叶，披针形或狭披针形。花黄色，单生于叶腋，小花有柄；花萼裂片 5 枚，披针形，背面全部或中部有柔毛；花瓣 5 枚，各瓣形状多少有差别，通常为倒卵形，基部楔形；雄蕊 4 枚，花药长圆形，顶端空裂或自顶孔下延成断裂缝，花丝比花药短；子房密生柔毛，花柱微弯。荚果扁平，有短柔毛，直形，稍微弯，先端有喙，线状长圆形，开裂，通常有 5—13 粒种子。

生于山坡、草地、堤岸及灌丛中，分布于淮河以南地区。

茎叶可代茶饮用。全草入药，有驱虫、健胃、治水肿之功效。

物语： 草本出身，却如木本一般挺立。花开腋下，却朵朵绽放光华。叶细密，对对齐整。果扁平，却不肯结出空荚。

草木樨

拉丁名： *Melilotus suaveolens* Ledeb.

科　属： 豆科草木樨属

别　名： 黄花草、野苜蓿

花果期： 5—9 月

一年生或二年生草本，高 60 厘米—90 厘米。茎直立，多分枝，有条纹，无毛。奇数羽状复叶，具 3 小叶；总叶柄长 1 厘米—2 厘米；托叶线状披针形，长 5 毫米—8 毫米，先端长渐尖；小叶长圆形至倒披针形，长 1 厘米—2 厘米，宽 5 毫米—10 毫米，先端截形，中脉突出成短尖头，基部楔形，边缘有疏细齿，下面散生贴伏柔毛；小叶柄长约 1 毫米，淡黄褐色，疏被柔毛。总状花序腋生，长达 20 厘米，直立，花梗长 1.5 毫米—2 毫米，弯垂，疏被柔毛；小苞片线形。花萼钟状，花冠黄色。荚果卵圆形，长约 3 毫米，无毛，表面有网脉，含种子 1 粒；种子卵球形，略扁平，长约 2 毫米，褐色。

生于河岸、沟边、荒地及草丛中。产沿江各地。

全草为良好饲料，也作绿肥，且能保持水土；全草药用，有清热解毒、健胃化湿、截疟、利尿、杀虫之功效。干茎叶含油率 2%—3%，主要成分为二氢化香豆素，可作烟草香精的原料。

物语： 喜暖湿之地，也有耐旱、耐瘠之力。草木樨（xī）根系发达，生命力旺盛。特殊的香气，使它不仅成为蜜源植物，也可作为烟草香精的原料。

紫苜蓿

拉丁名： *Medicago sativa* L.

科 属： 豆科苜蓿属

花果期： 6—8月

物语：紫苜蓿素有“牧草之王”之称。它的主根粗而直，深入地下，可达数米之长，寿命也是多年生草本中的佼佼者。

多年生草本，主根长。茎直立或匐卧，无毛，多分枝。3小叶复叶，小叶倒卵形或倒卵状披针形，上部边缘有锯齿，基部楔形或稍狭，两面被长柔毛，总柄长1厘米—1.5厘米；托叶披针形，全缘，有柔毛。总状花序腋生，多数花；小花有短梗；苞片小，锥状线形；花萼筒状，萼齿5枚；与萼筒长度相近或稍长；花冠长于花萼，紫色或蓝紫色，有时色淡；旗瓣倒卵状矩圆形，比翼瓣和龙骨瓣长；翼瓣有爪，并有耳；龙骨瓣有爪，顶端圆形。荚果螺旋状弯曲1—3圈，马蹄形，表面有疏毛，顶端具喙；种子肾形，小，黄褐色。

生于杂草坡地、沟边、农田路旁，也有栽培。分布安徽各地。

优质牧草、蜜源植物，也可作绿肥。

南苜蓿

拉丁名： *Medicago hispida* Gaertn.

科　属： 豆科苜蓿属

别　名： 苜蓿头、黄花苜蓿

花果期： 4—5 月

一年生或多年生草本。茎高约 30 厘米，基部多分枝，全体无毛或有微毛。小叶 3 枚，阔倒卵形或倒心形，顶端圆或微有齿，上部边缘有细锯齿，下部楔形，表面无毛，下面具疏柔毛，顶生小叶略大；托叶斜卵形，具深裂，边缘有睫毛状细裂齿。总状花序腋生，有小花 2—8 朵，集生于花序梗顶端；花萼筒状，外被疏柔毛，萼齿 5 枚，线状披针形，先端细尖，长于萼筒 2 倍，达花冠檐口或略短；花冠黄色；旗瓣阔倒卵形，先端钝圆或微凹；翼瓣椭圆形，比龙骨瓣短，有耳及爪；龙骨瓣椭圆状匙形，有爪及短耳。荚果螺旋卷曲成数层的球，边缘具缘毛或疏刺；种子肾形，黄褐色。

喜生于排水良好的土壤和砂质壤土，沟塘边也可见。产安徽沿江各地。

为饲料及农田绿肥。幼嫩茎叶可食。

物语： 苜蓿头是春天的时令菜，“生煸草头”就是上海的一道名菜。它特有的清香带来了春的气息，深受南北方大众的喜爱。

车轴草

拉丁名：*Trifolium repens* L.

科 属：豆科车轴草属

别 名：三叶草

花果期：5—9 月

多年生草本。主根短缩。茎匍匐，节处常生不定根；全体无毛，茎长 10 厘米—30 厘米。掌状复叶有 3 枚小叶；总叶柄长达 10 厘米；小叶倒卵形、广倒卵形、倒心形，长 1 厘米—2.5 厘米，宽 8 毫米—20 毫米，基部宽楔形，边缘有细锯齿，表面无毛，背面有微毛；托叶卵状披针形，或椭圆形，先端尖，基部抱茎。花序头状或球形，自叶腋长出较叶柄更长的总花梗，具多数小花；花萼筒状，有 5 萼齿，三角状披针形；花冠白色，有时淡红色；旗瓣椭圆形，顶端圆形；翼瓣比龙骨瓣略长。荚果狭椭圆形或倒卵状椭圆形，含 3—4 粒种子；种子小，黄褐色。

多生于湿润草地、河岸、路边。产安徽各地。

车轴草是优良牧草、饲料，也是蜜源植物，还是优质堤岸防护草种。

物语：白车轴草的耐受力极强，它耐寒、耐热，耐湿、耐旱，很容易连绵成片，丝毫不怕践踏。它初春散发着淡淡的清香，立冬后依然绿意葱茏，有着蓬勃旺盛的生命力。

野大豆

拉丁名：*Glycine soja* Sieb. et Zucc.

科 属：豆科大豆属

别 名：野黄豆

花果期：8—10 月

物语：身为国家二级野生保护植物，野大豆毫无“骄娇”二气。它努力地登高远望，只为守护自己紫色的梦想。

一年生缠绕草本。茎细瘦，被黄色长伏毛。3 小叶羽状复叶；小叶形态变化大，具同株异型叶现象，以椭圆形、卵圆形、披针形为常见。小叶边缘无锯齿，两面有白色短柔毛；托叶卵状披针形，有黄色毛。总状花序腋生，有 1—7 朵小花；小花梗密生黄色长硬毛；花萼钟状，顶生 5 裂齿，位于上方的 2 齿合生；花冠紫色或紫红色，旗瓣近圆形，基部狭楔形；翼瓣歪斜，成倒卵形，有耳及爪；龙骨瓣较翼瓣短小，有爪及不明显的短耳。荚果狭长圆形，微弯，表皮黑色或深褐色，长 3 厘米左右，每荚含 1—4 粒种子。

生于荒坡草地、河沿、塘埂或林下。广布安徽各地。

可作牧草、绿肥和水土保持植物。种子可食。

山绿豆

拉丁名： *Phaseolus minimus* Roxb.

科　属： 豆科菜豆属

别　名： 野小豆、贼小豆

花果期： 7—9 月

一年生柔弱缠绕草本，疏被倒生硬毛。奇数羽状复叶，顶生小叶长椭圆状卵形，长 3 厘米—7 厘米，宽 2 厘米—4 厘米，先端渐尖或急尖，基部近圆形，上面无毛，侧小叶斜卵形或斜披针形，全缘或有 2—3 浅裂，托叶狭卵形或近披针形，基部以上着生；小托叶狭披针形。总状花序腋生，柔弱，总花梗远长于叶柄，花少而疏，介于两花之间有一枚长圆形的腺体；小苞片披针形，与萼等长或较短；花萼斜钟形，具 5 齿，上面两个合生，下面一个较长；花冠黄色，长约 1 厘米；旗瓣扁圆形或近肾形，极外弯，下部有一个角状突起，有短爪及耳，翼瓣倒卵形，龙骨瓣短曲，具爪；雄蕊 2 组。荚果线状圆柱形，稍扁，绿色至暗灰绿色，含种子 10 粒，开裂；种子椭圆形，褐红色；种脐线形，白色。

生于山坡、草丛、溪边或堤岸上。广布安徽各地。

可作牧草。

物语：山绿豆虽然花茎柔弱，根系却很发达，它的侧根和不定根组成了庞大的根系。它是高效固氮的豆科牧草，固氮量可谓豆科之首。

野豌豆

拉丁名： *Vicia sepium* L.

科 属： 豆科野豌豆属

花果期： 6—8月

多年生细弱草本。茎匍匐，无毛或被极稀少短柔毛。羽状复叶有5—7对小叶，叶轴末端卷须发达；小叶卵状披针形或卵状矩圆形，先端急尖，基部圆形，两面有疏短柔毛，小叶长7毫米—20毫米，宽5毫米—10毫米；托叶小，戟形，一边有4个牙状粗齿。2—6朵花集成腋生总状花序，总花梗短，被黄色疏毛，花萼钟状，有5齿，被短硬毛；花冠红色或紫色；旗瓣倒提琴形，顶端微凹，长1厘米—1.5厘米，宽8毫米左右；翼瓣倒卵形，顶端圆，基部有爪及耳；龙骨瓣较翼瓣短；子房无毛，有短柄，花柱顶端背部有一丛淡黄色髯毛。荚果矩圆形，长1.5厘米—2.5厘米，两头急尖，着生处有短柄，成熟时棕褐色；种子球形，成熟时黑色。

生于草坡、荒地、田埂、沟边。产淮河以南各地。

叶、花及果均可入药，有清热解毒、消肿等功效。

物语： 当年伯夷隐居首阳山采薇而食，《诗经·采薇》反复吟咏，野豌豆可谓历史悠久。它是兔子的最爱，它的嫩豆荚也是很多人童年记忆里的消闲美味。它用长长的卷须，紧抓住身边的草木，努力拓展着自己的生存空间。

广布野豌豆

拉丁名： *Vicia cracca* L.

科　属： 豆科野豌豆属

花果期： 5—9月

多年生蔓性草本。茎疏被短柔毛。羽状复叶有4—12对小叶；小叶狭椭圆形，顶端圆形，具小尖刺，基部圆形，下面有疏短柔毛。长1.5厘米—3.5厘米，宽2毫米—8毫米；托叶披针形，或半箭头形，边缘有齿。总状花序腋生，有10—20朵花，总花梗长于复叶或略等；花萼钟状，有5齿，外被梳毛；花冠蓝紫色；旗瓣倒提琴形，长8毫米—14毫米，宽4毫米—6毫米；翼瓣顶端圆形，基部爪长于瓣片或略等，耳长1毫米—2毫米；龙骨瓣烟斗状，爪比瓣片略长；雄蕊连合为9与1的2体，其中单生的1枚与雄蕊管连合至中部；子房无毛，有柄，花柱顶部周围被疏柔毛。荚果矩圆形，无毛，成熟时褐色，长2厘米—3厘米；种子3—5粒，成熟时黑色。

生于田旁、地沟、草坡或山下缓坡草丛中。产安徽各地。

本种为优良牧草、饲料。全草也可入药，有活血、祛瘀、明目、利五脏功效。

物语： 春天里，广布野豌豆是制造紫色花海的高手。它那串串紫粉的花儿热烈奔放，仿佛怀着蛰伏了一个冬天的浓情蜜意，翘首以盼远方的归人。

紫云英

拉丁名： *Astragalus sincius* L.

科　属： 豆科黄芪属

别　名： 红花草

花果期： 3—6月

物语： 成片的紫云英，是春天蔚为壮观的美景。它是传统的有机肥，它用生命浸润的土地绵软疏松，比化肥更适于土壤的需求。

一年生草本，高10厘米—40厘米，无毛。茎直立或匍匐。奇数羽状复叶，小叶7—13，倒卵形或宽椭圆形，长5毫米—20毫米，宽5毫米—12毫米，先端凹或圆形，基部楔形，两面被白色长硬毛；托叶卵形。总状花序近伞形，腋生，有花5—9朵，栽培的达10余朵；总花梗长达15厘米；苞片三角状卵形，被硬毛；花萼钟状，萼齿三角形，被长毛；花冠紫色或白色；旗瓣卵形，先端圆形，微缺，基部楔形；翼瓣稍短，龙骨瓣与旗瓣近等长；雌蕊无毛。荚果线状长圆形，微弯，先端有喙，黑色，无毛；种子肾形，栗褐色，长约3毫米。

生于河边、山坡、路旁及林下。产沿江、江南和江淮之间。

全草为优质绿肥和饲料。种子及全草药用，有补气固精、益肝明目、清热利尿、祛风止咳之效。花蜜上等。

合 萌

拉丁名： *Aeschynomene indica* L.

科 属： 豆科合萌属

别 名： 田皂角

花果期： 7—10 月

一年生灌木状草本，高可达 1 米。茎圆柱形，直立，多分枝，无毛。羽状复叶有 20—30 对小叶；小叶长椭圆形，长 3 毫米—8 毫米，宽 1 毫米—3 毫米，顶端圆钝，有小细尖，基部斜圆形，全缘，表面有腺点，托叶膜质，早落。总状花序腋生，有花 1—4 朵；苞片卵形，小；花萼 2，唇形；花冠黄色带紫斑，长 6 毫米—9 毫米，易落；旗瓣宽阔卵状，基部几无爪；翼瓣略短于旗瓣，基部有爪无耳；龙骨瓣基部有爪。荚果线状条形，长 3 厘米—4 厘米，宽约 3 毫米，腹缝直，背缝多少呈波状；荚节 4—8(10)，不开裂，成熟时逐节脱落；种子黑棕色，肾形。

生于山坡丛林及路旁潮湿地，沟塘河畔极为多见。广布安徽各地。

为良好绿肥。全草入药，可利尿解毒。也可作兽药，治疗牛肺病、咳嗽。茎皮纤维可制绳索。因花叶果形色俱佳，合萌为习见观赏植物，也有栽培。

物语： 合萌似乎从不拣选生长地，倒是特意选择了酷夏之时作为自己的盛放期。它对人类慷慨无私，无所保留地奉献了自己。

毛叶胡枝子

拉丁名： *Lespedeza tomentosa* (Thunb.) Sieb. ex Maxim.

科　属： 豆科胡枝子属

别　名： 山豆花

花果期： 7—10 月

小灌木，有时高达 2 米，全株被黄色绒毛。小枝有棱。3 小叶复叶，顶生小叶长圆形，长 4 厘米—6 厘米，宽 1.5 厘米—3 厘米，先端圆钝，有小短尖，基部近圆形；叶脉褐色，明显突起，叶缘反卷，侧生小叶较小；复叶柄长 1.5 厘米—4 厘米。总状花序腋生，较叶长，花序梗长 4 厘米—6 厘米；无瓣花成头状花序，腋生；小花梗长 1 毫米—2 毫米，萼钟状，萼齿 5，披针形，先端长尖，较萼筒长，以上包被花冠；花冠淡黄色，旗瓣和龙骨瓣近等长。荚果倒卵形，长 3 毫米—4 毫米，包于宿存萼内。

生于山坡、草地、河边，常集生于山脊。产江淮之间多地。

根药用，可健脾补虚。也可作饲料和水土保持植物。

物语： 山豆花，并不一定长在山上，湖岸也是它的栖息地。当小灌木长成大高个，满身披花、临风摇曳时，它就成了水边一景。只是在哪儿，它都不忘穿着绒毛黄衫。

细梗胡枝子

拉丁名：*Lespedeza virgata* (Thunb.) DC.

科　属：豆科胡枝子属

花果期：7—10月

物语：花序梗细如发丝，却能稳稳地顶着一群窃窃私语的花蝶。风摇蝶舞，细梗柔韧坚毅，毫无怨言。

小灌木。小枝细弱，无毛或疏被柔毛。3小叶复叶，顶生小叶长圆状或卵状长圆形，先端圆钝，有小短尖，基部近圆形，上面无毛，下面被白色贴伏柔毛，侧生小叶较小。总状花序腋生，较叶长，花序梗纤细，毛发状，被疏柔毛；无瓣花簇生叶腋；小花梗长1毫米—2毫米；萼钟状，萼齿5，狭披针形，较萼筒长，被疏柔毛；花冠黄白色或白色，旗瓣基部有紫斑，稍短于龙骨瓣或近等长。荚果斜卵形，长4毫米，包于宿存萼内，被柔毛。

生于向阳山坡灌丛及堤岸边。产皖南、大别山等地区。

可用作护坡绿化。

截叶铁扫帚

拉丁名：*Lespedeza cuneata* (Dum.—Cours.) G. Don

科 属：豆科胡枝子属

别 名：夜关门

花果期：6—10 月

小灌木。高达 1 米。小枝微有棱，被白色柔毛。3 小叶复叶，顶生小叶倒披针形，长 1 厘米—3 厘米，宽 2 毫米—5 毫米，先端截形，微凹，有小短尖，基部楔形，上面被少数柔毛或无毛，下面密被柔毛，侧身小叶较小，复叶柄长 5 毫米—10 毫米，有柔毛。总状花絮腋生，有 2—4 花，较叶为短，花序梗不明显；无瓣花簇生叶腋；花梗短，被短柔毛；小苞片卵形，常较萼筒短；萼齿 5，披针形，较萼筒长，被短柔毛，花冠黄白色或淡红色，旗瓣稍短于龙骨瓣。荚果卵形，有疏柔毛。

生于湖岸沟边或山坡灌丛，喜阳，为钙质土壤指示植物。产安徽多地。

全株入药，活血清热，利尿解毒，兽医用作治牛痢疾、猪丹毒。可作饲料。

物语：临水数条茎，悠悠花自开。三叶顶微凹，遍身被柔毛。白日戏蝶舞，夜来紧闭门。欲寻钙何处，只消此扫帚。

长萼鸡眼草

拉丁名： *Kummerowia stipulacea* (Maxim.) Makino

科　属： 豆科鸡眼草属

花果期： 7—9 月

物语： 粉花如蝶，起伏在绿叶之中，花的精致与叶的毛糙相映成趣。是草本，却枝茎硬扎，活出木本的坚毅。长萼鸡眼草耐踏践，是固土护坡的好手。

一年生草本。茎多分枝，常匍匐状，茎及枝上着生向上的稀疏细毛。3 小叶复叶，羽状排列，通常顶生小叶偏大，且叶柄略大；小叶倒卵形，先端微凹，通常具小细尖，长 5 毫米—15 毫米，宽 3 毫米—10 毫米，侧脉密且平行，有时脉端分叉，背面在中脉及叶缘处有柔毛；托叶 2 枚，卵形。花通常 1—3 腋生，花梗被毛，萼筒下方有 4 枚小苞片；花萼钟状，有 5 裂齿；花冠淡紫红色或紫蓝色；旗瓣三角状椭圆形，顶端微凹，基部两侧有紫斑块；翼瓣狭小，披针形；龙骨瓣最大，先端有紫斑块。荚果椭圆状卵形或卵形。种子黑色。

生于路边、荒地、山坡草丛及河滩。产安徽多地。

可作牧草、绿肥；可保持水土；全草入药，有清热解毒、利湿、健脾功效。

酢浆草

拉丁名： *Oxalis corniculata* L.

科　属： 酢浆草科酢浆草属

花果期： 4—10 月

物语： 酢（cù）浆草的生命力很强，除夏季有短暂的休眠外，其他时节总是花开不断。入秋后，叶色变紫，紫绿相间时，叶美远胜于花。《农政全书》曾载其另名为“酸浆草”和“醋母草”。

多年生草本，全体有疏柔毛。茎匍匐或斜升或直立，长 15 厘米—22 厘米，多分枝，基部匍匐易生不定根。三出复叶，互生，小叶无柄，倒心形，先端凹入，长 5 毫米—13 毫米，宽 6 毫米—15 毫米，全缘，下面沿脉及小叶片边缘有短毛；叶柄细长，长 2 厘米—6.5 厘米，被柔毛。花 1 至数朵腋生，如为多朵，组成伞状花序，小花梗长 3 毫米—8 毫米，总花梗直立，上端着生线形或披针形苞片；萼片 5，长圆形，被柔毛；花瓣 5，倒卵形，黄色；雄蕊 10，5 长 5 短，花丝基部连合成筒状；花柱 5 枚，离生。蒴果近圆柱形，长 1 厘米—1.5 厘米，有 5 棱，被短柔毛，果梗斜上或平展，成熟时开裂，能将种子弹出；种子小，扁卵形，褐色，有横槽。

生于旷野、路旁、林下或沟边。产安徽各地。

全草入药，清热利湿，解毒消肿；亦可作地被绿化植物。茎叶含草酸，可磨镜或擦亮铜器。

铜锤草

拉丁名： *Oxalis corymbosa* DC.

科　属： 酢浆草科酢浆草属

别　名： 红花酢浆草

花果期： 5—10 月

多年生草本，高约 35 厘米。具鳞茎，直径约 2 厘米，鳞片外皮棕褐色，无地上茎。叶基生，三出复叶，小叶阔倒卵形，先端凹缺，基部楔形，长 1.2 厘米—1.8 厘米，宽 2.5 厘米—3 厘米，两面被毛，具缘毛。下面沿叶缘具棕红色瘤状小腺点；叶柄长 10 厘米—33 厘米，被疏毛，基部常紫红色；托叶膜质，与叶柄基部合生成鞘状。伞形或聚伞花序，基生，与叶等长或稍长，生有花 4—10 朵；花梗不等长，8 毫米—20 毫米，被毛，具 1—3 枚小苞片；萼片 5，顶端有 2 条红色长形小腺体，背面密被绒毛；花瓣 5，紫红色，基部具爪，爪上方有一小段互相靠合，旋转状排列，具 8 条直出脉，背面靠一边的 3 条脉上有毛，早晚开放，中午日照强烈，旋转状闭合；雄蕊 10，5 条长花丝有毛，5 条短花丝无毛；5 心皮合生，花柱 5，分离，向外弯生，宿存，柱头头状。蒴果短条形，长 1.7 厘米—2 厘米，有毛。

原产南美洲，适应性强，多生于林下、沟边等阴湿处。安徽多见栽培。

作地被绿化植物，亦可全草入药，能清热解毒、散瘀消肿、调经。

物语：满地匍匐满地花，离乡背井处处家。年年宿根如铜锤，三心只为叶一枚。葱茏绿意凌霜雪，足下留情是关节。

野老鹳草

拉丁名： *Geranium carolinianum* L.

科　属： 牻牛儿苗科老鹳草属

花果期： 5—7 月

多年生草本，高 20 厘米—50 厘米。茎生倒向密柔毛，有分枝。叶圆肾形，长 2 厘米—3 厘米，宽 4 厘米—6 厘米，上部叶常对生，掌状 5—7 深裂，每裂片又 3—5 裂，两面有柔毛；下部叶有长柄。花小形，成对集生于茎端或上部叶腋，花梗短或近无，被长柔毛；萼片宽卵形，长 5 毫米—7 毫米，有长白毛；花瓣淡红色。蒴果长约 2 厘米，果柄近直立；种子卵形，有微细网纹。

生于路边、荒地、河滩。产安徽各地。

全草药用，祛风通络、收敛止泻。

物语： 野老鹳（guàn）草的花并无奇特之处，长长的蒴果却颇为奇妙。当集生于茎端的粉花凋落，一顶绿意葱茏的皇冠就形成了。皇冠不断变换着色彩，由绿而红而黑，直至果实成熟后飞弹出去，皇冠跌落，王权也就被彻底颠覆了。

叶下珠

拉丁名：*Phyllanthus urinaria* L.

科　属：大戟科叶下珠属

别　名：阴阳草、珍珠草

花果期：6—10 月

物语：红红黄黄的一串串彩珠，紧紧吸附在叶下，是秋日沟坡旁、田埂边的一景。不过，只有那些细心人，才能发现叶下的珠宝。

一年生草本。茎直立，通常带紫红色，高 5 厘米—50 厘米，分枝倾卧，而后上升，具翅状纵棱。叶 2 列，左右互生，形似羽状复叶，倒卵状长椭圆形或狭长圆形，长 7 毫米—15 毫米，宽 3 毫米—7 毫米，顶端圆或有小凸尖，基部近圆形，偏斜，全缘，有细缘毛，下面稍灰绿色；几无叶柄。雌雄同株，花直径约 4 毫米，几无花梗，无花瓣；雄花 2—3 朵簇生于叶腋，萼片 6，倒卵形，花盘 6，分离，与萼片互生，雄蕊 3，花丝合生；雌花单生于叶腋，萼片 6，花盘 6，卵状披针形，子房卵状，花柱短 2 裂。蒴果扁球状，红色，直径约 2.5 毫米，无梗，表面有小凸刺或小瘤体；种子长 1.2 毫米，橙黄色。

多生于沟坡旁、田埂边。产皖南、皖西及江淮丘陵地区。

全草供药用，有清肝明目、收敛利水、解毒消积等功效。

蜜甘草

拉丁名：*Phyllanthus matsumurae* Hayata

科 属：大戟科叶下珠属

别 名：蜜柑草

花果期：6—10 月

一年生草本，茎直立，无毛，不分枝或稍分枝，高 15 厘米—60 厘米。单叶，互生，2 列，宽披针形至狭长圆形，长 7 毫米—20 毫米，宽 3 毫米—6 毫米，先端急尖而钝，基部近圆形，全缘，下面稍带白霜；几无叶柄。雌雄同株，花腋生，无花瓣，花梗长 1 毫米—2 毫米；雄花萼片 4，花盘 4，分离，与萼片互生，雄蕊 2；雌花萼片 6，花盘 6，圆柱形，子房无毛，6 室，花柱 6。蒴果扁球形，无毛；种子黄褐色，有细点。

多生于山坡、路旁、沟边、河沿。产淮河以南地区。

全草入药，有消食止泻之效；也可作饲料。

物语：乍一看，蜜甘草和叶下珠难分难辨，仔细瞧瞧，叶与果差别明显：一个叶长顶尖，一个叶圆而钝；一个果有柄，一个果无把。很多时候，差之毫厘，失之千里。

铁苋菜

拉丁名： *Acalypha australis* L.

科　属： 大戟科铁苋菜属

别　名： 蚌壳草、血见愁

花果期： 5—11 月

一年生草本，高 30 厘米—50 厘米。茎直立，分枝。叶卵形至狭卵形，长 3 厘米—8 厘米，宽 1.5 厘米—3.5 厘米，边缘有粗圆锯齿；叶柄长 1 厘米—4 厘米。穗状花序长 2 厘米以上，腋生，雌雄同序，雄花多生在雌花之上；雄花小，几无花梗；雌花生于花序下端的叶状苞片内，苞片开展时如肾形，长约 1 厘米，合时如蚌，边缘有锯齿。蒴果小，钝三棱形，直径 3 毫米—4 毫米，有毛，几乎无梗；种子宽卵形，平滑，暗褐色。

生于山坡、沟边、路旁、田野。产安徽各地。

全草药用，有清热解毒、利水消肿、止血止痒之功效，主治痢疾、肠炎、吐血、衄血、便血、皮下出血、湿疹、皮肤瘙痒等症。

物语： 铁苋菜的花穗属于雌雄同序，雄花在上，雌花在下，比起两性花，它可谓一体同心。雌花还有苞片相拥，肾形苞片合时如蚌，“蚌壳草”一名正是由此而来。

蓖 麻

拉丁名：*Ricinus communis* L.

科 属：大戟科蓖麻属

花果期：7—11 月

一年生草本。茎直立，高可达5米，无毛，常有白粉，中空。叶大而薄，圆形，盾状着生，掌状5—11深裂，边缘有锯齿，主脉掌状，侧脉羽状；叶柄顶端有腺体，托叶合生。花单性，雌雄同株同序，下部雄花，上部雌花；雄花花萼3—5裂，黄绿色，雄蕊多数，花丝分枝，花药2室；雌花花萼3—5裂，子房卵状球形，密生刺或少数平滑无刺，花柱3，再2裂至基部，深红色。蒴果球形，有3条纵槽，通常有软刺，少数平滑无刺；种子长椭圆形，光滑，具种阜，有各种花纹。

生于荒地、路边、堤岸。安徽多地有栽培。

种仁含油高达70%以上，蓖麻油适于作飞机、轮船、汽车、车床等的润滑油用；可用来制造香皂、发油、印刷油等；还可用作纺织助染剂、皮革的保护油、医药缓泻剂。油粕可作肥料。叶及种子可作农药。叶可饲养蓖麻蚕。根、茎、叶、种子可供药用，有祛湿通络、消肿拔毒功效。此外，蓖麻对二氧化硫、氮气等有毒气体也有较强的抗性。

物语：蓖（bì）麻为护卫自己的果实，虚张声势地长着软刺。它的种子光滑坚硬，褐灰色的花纹像极了京剧里的花脸。它耐旱、耐瘠薄、耐盐碱，还是抵抗有毒气体的强兵。

大 戟

拉丁名：*Euphorbia pekinensis* Rupr.

科 属：大戟科大戟属

花果期：4—9 月

多年生草本，高 20 厘米—80 厘米，具白色乳汁。根圆柱形至圆锥形，有毒。茎直立，上部分枝，被白色卷曲的柔毛。叶互生，披针形至长椭圆形，长 2.5 厘米—8 厘米，宽 5 毫米—15 毫米，全缘，稍被白粉，无毛；几无叶柄。总花序通常有 5 伞梗，基部有卵形或卵状披针形的苞片 5 枚，轮生，杯状花序总苞坛形，顶端 4 裂。蒴果三棱状球形，有疣状突起；种子卵形，长约 1.8 毫米。

多生于低山丘陵的坡地、路旁、荒山草丛、疏林下及沟塘边。产安徽多地。

根药用，称"京大戟"，为利水、峻泻剂。民间全草煎水服，治精神分裂症、恶疮、腹水和全身浮肿等。茎、叶也可作兽药、农药用。

物语：大戟，总让人想起舞台上的顶碗杂技，那 5 根细长的顶杆如伞骨般均匀地打开，好似 5 朵云霞盛放在半空里，层花叠果，风采卓异。

泽　漆

拉丁名： *Euphorbia helioscopia* L.

科　属： 大戟科大戟属

别　名： 猫眼草

花果期： 6—10 月

一年生或二年生小型草本，具乳汁。茎基部多分枝，被疏长柔毛。叶互生，倒卵形或匙形，先端圆或微凹，基部楔形，边缘中部以上有细锯齿，叶多无柄。茎顶端有 5 片轮生叶状苞，与下部叶相似而较大。顶生 2—3 回多歧聚伞花序；杯状总苞钟形，顶端 4 浅裂，子房 3 室，花柱 3。蒴果光滑；种子卵形，褐色，有凸起的网纹。

生于荒地、路旁、田边、圩堤。安徽多地可见。

全草药用，能清热、祛痰、利尿、消肿、杀虫、止痒。茎、叶浸液可防治红蜘蛛和棉蚜虫。种子含油约 30%，供工业用油。全草有毒。

物语： 泽漆与大戟颇为相似，茎叶均具白色乳浆，皆有毒而可入药。它们的差别在于：一个叶中部以上有细密锯齿，一个则是全缘；杯状花序一个钟形，一个坛形；蒴果一个光滑，一个呈三棱状球形。相比之下，泽漆更为常见。它近年来也被开发为抗癌药品。

地锦草

拉丁名： *Euphorbia humifusa* Willd.

科　属： 大戟科大戟属

别　名： 铺地锦

花果期： 5—11 月

一年生小草本，高 5 厘米—30 厘米，具乳汁。茎纤细，匍匐，自茎部分枝，带紫红色。叶通常对生，长圆形，少数倒卵形，长 5 毫米—10 毫米，宽 4 毫米—6 毫米，先端钝圆，边缘有细锯齿，绿色或淡红色；叶柄短。杯状聚伞花序单生于叶腋，总苞倒圆锥形，浅红色，顶端 4 裂，裂片长三角形，腺体 4，长圆形，有白色花瓣状附属物，子房 3 室，花柱 3，2 裂。蒴果三棱状球形，直径约 1.3 毫米，平滑，无毛；种子卵形，长 0.7 毫米，黑褐色，平滑。

多生于山坡，草地、路旁、沟边、河岸处。广布安徽各地。

全草可供药用，有清热解毒、利尿、通乳、止血、杀虫等功效。

物语： 地锦草，像一片彩色的云锦，铺地而生。它生性腼腆，多喜僻静清幽之处。赤茎布地，断茎有汁，专治血病，是李时珍在《本草纲目》中介绍它时的几个关键词。

斑地锦

拉丁名：*Euphorbia Supina* Rafin.

科　属：大戟科大戟属

花果期：5—11 月

一年生小草本。茎柔弱，弯曲，匍匐地上，高 10 厘米—30 厘米，分枝多，有白色柔毛。叶通常对生，椭圆形或倒卵状椭圆形，长 5 毫米—9 毫米，宽 2 毫米—4 毫米，先端锐尖，基部近圆形，不对称，边缘上部有疏细锯齿，上面无毛，中央有紫斑，下面有细柔毛；叶柄极短。花序腋生，被毛。蒴果三棱球形，被有白色细柔毛；种子卵形面有角棱。

多生于平原或低山丘陵的路旁湿地。产安徽各地。

全草入药，主治黄疸、泄泻、疳积、血痢、尿血、血崩、外伤出血、乳汁不多、痈肿疮毒。

物语：斑地锦与地锦草同科同属，同为一年生匍匐小草本，是十足的姊妹花。不同之处只在于，斑地锦天生有块紫色的胎记，好似眉笔淡扫叶中央。

通奶草

拉丁名： *Euphorbia hypericifolia* L.

科 属： 大戟科大戟属

花果期： 7—11 月

物语： 通奶草与地锦草、斑地锦，可谓一奶三胞。不同的是，通奶草决不肯匍匐地下。没有细柄的托举，它也决不肯开花。

一年生草本。根纤细，长 10 厘米—15 厘米，直径 2 毫米—3.5 毫米，常不分枝。茎直立，自基部分枝或不分枝，高 15 厘米—30 厘米，直径 1 毫米—3 毫米。叶对生，狭长圆形或倒卵形，长 1 厘米—2.5 厘米，宽 4 毫米—8 毫米，先端钝或圆，基部圆形，通常偏斜，不对称，边缘全缘或基部以上具细锯齿，上面深绿色，下面淡绿色，有时略带紫红色，两面被稀疏的柔毛；叶柄极短，长 1 毫米—2 毫米；托叶三角形，分离或合生。苞叶 2 枚，与茎生叶同形。花序数个簇生于叶腋或枝顶，每个花序基部具纤细的柄；总苞陀螺状；边缘 5 裂，裂片卵状三角形；腺体 4，边缘具白色或淡粉色附属物。雄花数枚，微伸出总苞外；雌花 1 枚，子房柄长于总苞；花柱 3；柱头 2 浅裂。蒴果三棱状，种子卵棱状。

生于湖岸边、旷野荒地、路旁、田间。广布于长江以南地区。

全草入药，可通奶，故名。

马松子

拉丁名： *Melochia corchorifolia* L.

科　属： 梧桐科马松子属

别　名： 野路葵

花果期： 6—10月

落叶亚灌木状草本，高30厘米—100厘米，多分枝；幼枝与叶柄均有星状柔毛。叶卵形或披针形，长2.5厘米—6厘米，宽1.5厘米—3厘米，先端急尖或钝，基部圆形或心形，边缘有细锯齿，上面近无毛，背面沿脉疏生短柔毛，基生脉5条；托叶线状披针形。花无柄，排成密集的顶生或腋生头状花序，花萼钟状，5浅裂，外面有毛；花瓣5，白色、淡红色或淡紫色，雄蕊5，花丝大部合生成管状；子房无柄，密被柔毛。蒴果球形，密生粗毛，室背开裂；种子灰褐色，粗糙，有鳞毛。

生于丘陵、河滩、沟边或灌丛中。产皖南及江淮等地。

茎皮富纤维，可供纺织麻布、造纸等。

物语： 虽是草本，却表现出亚灌木的形态，硬扎扎的茎秆上竟能开出那么妩媚精致的小花。花朵粉色居多，曾在太平湖湖滩见过大片白花马松子群落，颇为壮观。

乌蔹莓

拉丁名：*Cayratia japonica* (Thunb.) Gagnep.

科 属：葡萄科乌蔹莓属

花果期：6—9 月

物语：每见乌蔹（liǎn）莓，总想起《诗经·唐风》里那个至情至性的女人面对亡夫坟茔的苦唱："葛生蒙楚，蔹蔓于野。予美亡此，谁与独处？"

草质藤本。有卷须，幼枝被柔毛，后变无毛。掌状 5 小叶复叶，中间小叶椭圆形或长圆形，边缘疏生 8—12 齿牙，侧脉 6—8 对，近于无毛；总叶柄长 3 厘米—5 厘米。伞房状聚伞花序，腋生或假顶生；花小，黄绿色；小花梗短；花萼浅杯状；花瓣 4，三角状卵形，顶部无角状突起，花盘肉质，红色，浅杯状，4 裂；雄蕊与花瓣对生，花药长方形，子房陷于花盘内。浆果倒卵形，熟时黑色；种子 2—4 粒，卵状三角形，背面有 2 条深沟。

多生于低山丘陵、田埂、路旁、沟边及灌草丛中。广布安徽各地。

全草入药，有凉血解毒、利尿消肿的效用。根煎汁服，可治乳房肿胀。

甜 麻

拉丁名：*Corchorus acutangulus* L.

科 属：椴树科黄麻属

别 名：假黄麻、针筒草

花果期：7—9月

物语：甜麻的蒴果很奇特，顶端有3—5个突起的角，周围有棱翅，像个带棱的针筒，所以得名“针筒草”。它的嫩叶可食，老叶可观，红绿相杂时，看相十足。

一年生草本。高约1米，常具分枝短柔毛。叶卵形或阔卵形，长2厘米—5厘米，宽1.5厘米—3.5厘米，边缘具锯齿，上面几无毛，下面沿脉有疏毛，三出脉；叶柄长5毫米—20毫米；托叶钻形。聚伞花序腋生，有短梗，具1—4小花，黄色；萼片5，呈船形，长约5毫米；花瓣5，狭倒卵形与萼片等长；雄蕊多数，子房有毛。蒴果圆筒形，长1.5厘米—3厘米，具6—8纵棱，其中3—4棱有狭翅，顶端具3—5个喙状突起的角，成熟时3—4瓣裂；种子间具横隔。

多生于路旁 、沟畔、河滩、田边或草坡上。分布于淮河以南各地。

茎皮纤维可代麻或供造纸原料。全草入药，有清热解毒、利尿之功效。

田　麻

拉丁名： *Corchoropsis tomentosa* (Thunb.) Makino

科　属： 椴树科田麻属

别　名： 毛果田麻

花果期： 8—11 月

一年生草本，高 30 厘米—60 厘米；嫩枝与茎有星芒状短柔毛。叶卵形或狭卵形，长 2.5 厘米—6 厘米，宽 1 厘米—3 厘米，边缘有钝齿，两面均密生星状短柔毛，基出脉 3 条；叶柄长 0.2 厘米—2.3 厘米；托叶钻形，长 2 毫米—4 毫米，脱落。花有细柄，单生于叶腋，直径 1.5 厘米—2 厘米；萼片 5 片，狭窄披针形，长约 5 毫米；花瓣 5 片，黄色，倒卵形；发育雄蕊 15，每 3 枚成一束，退化雄蕊 5，与萼片对生，匙状条形，长约 1 厘米；子房被短茸毛。蒴果角状圆筒形，长 1.7 厘米—3 厘米，有星状柔毛。

生于山区、坡地、沟边、林缘，皖南地区多见。

本种的茎皮纤维可代黄麻制作绳索及麻袋。

物语： 实在想不出，田麻如此细茎，竟可加工成那么牢固耐用的绳索和麻袋。由此可知，物与人同，皆不可以貌相取。

野西瓜苗

拉丁名：*Hibiscus trionum* Linn.

科　属：锦葵科木槿属

花果期：7—10月

物语：野西瓜苗与西瓜苗，可谓风马牛不相及。一个锦葵科木槿属，一个葫芦科西瓜属；一个爱站立，一个爱躺卧；一个蒴果微小，不可食，一个果实硕大甜美，人人喜食。能够让它们联系起来的唯一理由，则是两者皆有羽状深裂的掌形叶。

一年生平卧或直立草本，高30厘米—60厘米，全株被星状粗毛。茎柔弱。叶两型，下部的叶圆形，不分裂，上部的叶掌状，3—5深裂，直径3厘米—6厘米，中裂片较长，两侧裂片较短，裂片倒卵形至长圆形，通常羽状全裂；叶柄长2厘米—4厘米；托叶线性，长约7毫米。花单生于叶腋，花梗长约2.5厘米，果时可延长至4厘米；小苞片12，线性，长约8毫米，基部合生；花萼钟形，淡绿色，长1.5厘米—2厘米，裂片5，膜质，三角形，具纵向紫色条纹，中部以上合生，花淡黄色，内面基部紫色，直径2厘米—3厘米，花瓣5，倒卵形，长约2厘米；雄蕊柱长约5毫米；花柱5，无毛。蒴果长圆状球形，直径约1厘米，被粗硬毛果片5，果皮薄，黑色；种子肾形，黑色，具腺状突起。

生于田野、山丘、沟边、河畔。江淮多地可见。

全草和果实、种子作药用，治烫伤、烧伤、急性关节炎等。

苘 麻

拉丁名： *Abutilon theophrasti* Medicus.

科 属： 锦葵科苘麻属

别 名： 青麻、白麻

花果期： 6—10月

物语： 苘(qǐng)麻果，是童年最有趣的记忆。拔下粉色管状的益母草花瓣，一瓣一瓣地插入苘麻果盘四周的芒刺上，再把狗尾草的茎秆弯成提手，一个花篮就大功告成了。玩饿了，还能剥开苘麻的绿果，里面嫩嫩的种子可吃，口感面面的。

一年生草本，高1米—2米，全株被柔毛。叶互生，圆心形，长5厘米—12厘米，先端长渐尖，基部心形，边缘具细圆浅锯齿，叶柄长2厘米—3厘米，托叶早落。花单生叶腋，花梗长1厘米—3厘米，近端具关节，萼杯状，萼片5，卵状披针形或卵形，长约6毫米；花瓣黄色，倒卵形，长约1厘米；雄蕊柱无毛；皮心15—20，顶端平截，排成轮状。果圆球形，黑色，直径2厘米—3厘米；分果爿15—20，顶端具长芒2；种子肾形，黑色。

生于路边、沟谷、荒地及河堤上。产全省各地，野生或栽培。

茎皮纤维白色，有光泽，可作编织麻袋、绳索等的原料。种子含油量高达16%—25%，油脂可作制皂、油漆和工业润滑油等用。

黄蜀葵

拉丁名： *Abelmoschus manihot* (L.)Medik.

科　属： 锦葵科秋葵属

别　名： 秋　葵

花果期： 8—10 月

一年生或多年生草本，疏生长硬毛。叶互生，掌状 5—9 深裂；裂片长圆状披针形，两面有长硬毛。花单生叶腋和枝端；小苞片 4—5，卵状披针形，宿存，有长硬毛；花萼佛焰苞状，5 裂，果时脱落；花大，淡黄色，具紫心，直径 12 厘米；雄蕊柱长 1.5 厘米；子房 5 室，每室具多数胚珠。蒴果卵状椭圆形，长 4 厘米—5 厘米。

常见于山谷、沟边、草丛间。安徽各地也有栽培。

茎皮纤维可代麻用。根富含黏液，为黏滑剂，亦作造纸糊料。全株可供药用。

物语：黄蜀葵与黄色的蜀葵并不同属，因它秋天开花，故又名“秋葵”。它深受古今文人墨客的称颂，唯数北宋陈师道的《秋葵》一诗最有笔力，写绝了它的形态特征：“炎艳秋来故改妆，薄罗闲淡试鹅黄。倾城别有檀心在，依倚西风送残阳。”

长萼堇菜

拉丁名：*Viola inconspicua* Blume

科　属：堇菜科堇菜属

别　名：地丁草、犁头草

花果期：3—11 月

多年生草本。全体近无毛，无匍匐茎。叶基生，通常三角状卵形或舌状三角形，基部宽心形，稍下延于叶柄，有两垂片，叶两面通常无毛，少有短毛，叶上面有乳头状白点，长 2.5 厘米—5 厘米，花后增大，有时呈头盔状；托叶草质，通常全缘或有时有稀疏细齿。萼片 5 片，披针形，基部附属物狭长，下面两片顶端有小齿，花瓣淡紫色或白色，距管状，长 2.5 毫米—3 毫米，雄蕊 5 枚，最下 2 枚具蜜腺状附属物伸入花瓣距内。硕果椭圆形，无毛，长约 5 毫米；种子棕褐色。夏季闭合花的果较大。

生于林下、田边、溪旁或杂草丛中。广布皖南、大别山等地，沿江区域也常见。

全草药用，能明目消肿、清热解毒、治结膜炎等，亦可治疗痈疖、疔疮。

物语：堇菜科是个大家族，我国共有 130 余种。尽管我们无法推断周天子时代的“堇荼如饴”（《诗经·绵》）究竟是何种堇菜，但堇菜的低调是它们的共性，它们常在野外最不起眼的地方，安静地开着自己素雅的小花。长萼堇菜也是这样，早春的寒、酷夏的热、秋日的霜，似乎都不能中断它开花的梦想。

物语：早春时分，很多植物还睡在梦里，紫花地丁就钻出了地面，它和长萼堇菜一样，早早地沐浴着春光，开始了一年的辛勤劳作。

光瓣堇菜

拉丁名：*Viola vedoensis* Makino

科　属：堇菜科堇菜属

别　名：紫花地丁、白毛堇菜

花果期：3—8 月

多年生草本，全株被短白毛。无地上茎，地下茎短，主根白色。叶基生，形多变，长椭圆形至卵状披针形，叶基截形或楔形，边缘具浅圆齿，两面有白色疏柔毛，花期后叶常增大成三角状披针形；托叶膜质，离生部分钻状三角形，基部有睫毛。花具长梗，被柔毛。花两侧对称，萼片 5，卵状披针形，基部附物长矩形或半圆形，顶端截形，圆或有小齿，花瓣 5 片，紫堇色，下瓣大，距细，长 4 毫米—7 毫米，直或稍上弯；花药结合；子房无毛，柱头 3 裂。蒴果椭圆形，长 8 毫米—10 毫米，无毛。

生于野外草地、山坡路旁、田埂阴湿处。产安徽各地。

全草入药，能清热解毒、消肿，可治疔疮、痈肿、黄疸、痢疾等症。

盒子草

拉丁名： *Actinostemma tenerum* Griff.

科 属： 葫芦科盒子草属

别 名： 合子草

花果期： 7—11 月

一年生攀援草本。茎枝纤弱，疏被柔毛；卷须细，在顶端常分 2 叉。有叶柄，被短柔毛；雌雄同序株叶片黄绿色，厚纸质，在背面和边缘齿端有大量点状浅褐色分泌物，雌雄异序株叶片青绿色，膜质，分泌物极少，两面脉具浅褐色柔毛，基部弯缺半圆形、长圆形、深心形。雄花组成总状或圆锥花序，总苞片 3 裂；线形；花萼裂片线状披针形，花冠裂片卵状披针形；雄蕊 5，花药 1 室，药隔稍伸出于花药背面成乳头状凸起；雌花单生、双生或雌雄同序，花梗先端 2/3 处具关节；花萼和花冠同雄花；子房卵状，具疣状突起。果绿色，卵形，近中部有一环，成熟后环状盖裂，具 2 枚种子。

生于水边草丛、芦苇丛和沟边灌丛。产全省各地。

全草和种子药用，有利尿消肿、清热解毒功能。种子含油量 25%—29%，可制肥皂，油饼可作肥料和饲料。

物语：唐人陈藏器的《本草拾遗》曾对盒子草有很准确的描述："蔓生岸旁，叶尖，花白，子中有两片如合子。"清人赵学敏则在《本草纲目拾遗》中，把这"和合二子"称为"鸳鸯木鳖"，生动形象。

千屈菜

拉丁名：*Lythrum salicaria* L.

科　属：千屈菜科千屈菜属

别　名：水柳

花果期：7—10 月

多年生草本，高 30 厘米—100 厘米。根茎横卧地下，粗壮；茎直立，多分枝，全株青绿色，略被粗毛或绒毛，枝通常 4 棱。叶对生或 3 叶轮生，披针形或阔披针形，长 4 厘米—6 厘米，宽 8 毫米—15 毫米，顶端钝形或短尖，基部圆形或心形，有时略抱茎，全缘；无柄。小聚伞花序簇生；花梗及总梗极短，花枝形似一大型穗状花序；苞片阔披针形至三角状卵形，长 5 毫米—12 毫米；萼筒长 5 毫米—8 毫米，有纵棱 12 条，稍被粗毛，裂片 6，三角形，附属体针状，直立，长 1.5 毫米—2 毫米；花瓣 6，红紫色或淡紫色，倒披针状长椭圆形，基部楔形，长 7 毫米—8 毫米，着生于萼筒上部，有短爪，稍皱缩；雄蕊 12，6 长 6 短，伸出萼筒之外；子房 2 室，花柱长短不一。蒴果扁圆形。

生于沟边、河岸、湖畔、水湿草地间。产安徽各地。

可供观赏盆栽。全草可药用，治肠炎、痢疾、便血，也可作外用药，主治外伤出血。

物语：明明是花，却被说成菜，受尽千般委屈，却生出万般风采。花开单挑炎烈日，花落宿根待春时。来年扶风成绿柳，花红柳绿解人愁。

水苋菜

拉丁名：*Ammannia baccifera* L.

科　属：千屈菜科水苋菜属

别　名：浆果水苋、细叶水苋

花果期：8—12 月

物语：水苋菜，是秋冬时节的水边一景。秋日里，它簇生的红球果紧抱住枝茎，与绿茎绿叶相映成趣；入冬时，它完全不在意周边的萧杀，披红挂紫地挺立于水中。它似乎是在劝说路过的人们：如果你错过春夏的绚烂，那就在秋冬里绽放吧！

一年生草本，高 10 厘米—50 厘米。茎直立，多分枝，无毛；淡紫色，稍呈 4 棱，具狭翅。下部的叶对生，茎上部或侧生枝上的叶有时近互生，长椭圆形、矩圆形或披针形。生于茎上的叶长达 7 厘米，侧生枝上的叶长 6 毫米—15 毫米，宽 3 毫米—5 毫米，近无柄。花数朵组成腋生聚伞花序或花束，几无总花梗；花极小，绿色或淡紫色。蒴果球形，紫红色，直径 1.2 毫米—1.5 毫米，中部以上不规则周裂。

生于湿地或水田中。产安徽多地。

全草散瘀止血，除湿解毒。

圆叶节节菜

拉丁名： *Rotala rotundifolia* Koehne

科　属： 千屈菜科节节菜属

别　名： 水瓜子、水龙须

花果期： 6月—12月

物语： 圆叶节节菜在野塘、水田边较为常见，它的生长速度很快，穗状花序顶生，每年春季成片盛放时颇为壮观。无花时，绿叶红茎也别具风采。

一年生草本，全体无毛。根茎细长，匍匐于地上；茎单一，或分枝少，直立，丛生，高5厘米—30厘米，带紫红色。叶对生，无柄，或具短柄，圆形，阔倒卵形或阔椭圆形，长5毫米—20毫米，宽3.5毫米—15毫米，顶端圆形，基部盾形或近心形，侧脉4对，纤细。花单生于苞片内，通常组成1—5个顶生稠密穗状花序，花序长1厘米—4厘米，花极小；苞片叶状，约与花等长，小苞片2，披针形或钻形，约与萼筒等长；萼筒阔钟形，膜质，半透明，长1毫米—1.5毫米，裂片4，三角形，裂片间无附属体；花瓣4，倒卵形，淡紫红色，长约为花萼裂片的2倍；雄蕊4；子房近梨形，长约2毫米，花柱长为子房的1/2，柱头盘状。蒴果椭圆形，3—4瓣开裂。

常生于水田中或潮湿地区。产安徽南部。

常用作猪饲料。

四角菱

拉丁名：*Trapa quadrispinosa* Roxb.

科　属：菱科菱属

别　名：野菱角

花果期：7—10月

一年生水生草本。茎细长。叶二型，沉水叶丝状细裂，裂片丝状，灰绿色；浮水叶聚生茎顶，叶片宽三角形或菱状三角形，基部宽楔形而全缘，中上部边缘具牙齿，表面绿色，无毛，背面脉上被毛；叶柄长5厘米—10厘米，被柔毛，中部以上膨大成海绵状气囊。花两性，白色，单生于叶腋；花萼4深裂，裂片披针形；花瓣4枚，椭圆形；雄蕊4，子房半下位，2室，柱头头状。坚果菱形，果高2厘米—2.5厘米，具4个较短的刺状角，角端急尖，二肩角间宽5厘米—6厘米，平伸，果冠大，向外反卷，果颈明显。

生于池塘或浅水湖泊中。产安徽各地。

果可食，生熟皆可。

物语：古人一般称两角菱为“菱”，四角菱为“芰”（jì）。屈原就曾以芰荷为衣，以芙蓉为裳，在上下求索的漫漫长路上，始终志高性洁。

乌　菱

拉丁名：*Trapa bicornis* Osbeck

科　属：菱科菱属

别　名：红菱、菱角

花果期：7—10 月

一年生水生草本。茎细长。浮水叶片宽卵形或卵状菱形，长 3 厘米—8 厘米，宽 4 厘米—10 厘米，顶端圆钝或短尖，基部宽楔形，上部边缘有不整齐钝齿，齿端有骨质小棘刺，齿尖成浅凹波状，下部全缘，上面深绿色，有光泽，下面紫红色，有短柔毛，脉上及边缘毛更密，后脱落；叶柄长 4 厘米—14 厘米，其中海绵气囊长 2 厘米—3 厘米，花白色；花梗长约 3 厘米；花盘鸡冠状。果实倒三角状元宝形，绿色或紫红色，果高 2.5 厘米—3.6 厘米，具 2 刺角，向左右水平展开或先端向下弯曲，刺角形似水牛角状，两角端相距 7 厘米—8 厘米，无腰角；果体光滑，无明显的果颈，果柄长 2 厘米—3 厘米。

生于池塘、湖湾、圩区。沿江、江淮等地有栽培。

果可食及提取优质淀粉，也可酿酒；果入药治痹痛、小儿疮毒，亦解酒毒。茎叶可作猪饲料。

物语：“风生绿叶聚，波动紫茎开。含花复含实，正待佳人来。”南朝江洪的一首《采菱曲》，撩拨了人们对江南采菱的诗意想象。而在元代农事诗人范成大眼中，采菱可是“血指流丹”的苦差事。

丁香蓼

拉丁名：*Ludwigia prostrata* Roxb

科 属：柳叶菜科丁香蓼属

花果期：8—10月

一年生草本，高30厘米—70厘米；茎直立或下部斜向上生长，具分枝，茎有纵棱，略带红紫色，疏生毛或无毛。叶互生，披针形或椭圆状披针形，先端渐尖，基部渐狭，全缘，近无毛；叶柄长3毫米—10毫米。花黄色，无柄，基部有2苞片；萼4裂，萼筒与子房合生，卵状披针形，外面略被短毛；花瓣常4，稍短于萼裂片；雄蕊4。硕果线状四方形，稍带紫色；种子多数，细小棕黄色。

生于田间、水沟边及沼泽地区。产安徽各地。

全株药用，具清热解毒之效。

物语：丁香蓼，生于水边，是景；生于稻田，是害。它无从把握自己的命运，只得拼命储备再生的种子，能活一日，就精彩一天。

黄花水龙

拉丁名： *Ludwigia peploides* Kaven

科 属： 柳叶菜科丁香蓼属

别 名： 过江藤

花果期： 6—10月

多年生浮水或上升草本，浮水茎节上常生圆柱状海绵状贮气根状浮器，具多数须状根；浮水茎长达3米，直立茎高达60厘米，无毛。叶长圆形或倒卵状长圆形，长3厘米—9厘米，宽1厘米—2.5厘米，先端常锐尖或渐尖，基部狭楔形，侧脉7—11对；叶柄长3毫米—20毫米；托叶明显，卵形或鳞片状，长2毫米—4毫米。花单生于上部叶腋；小苞片常生于子房近中部，三角形，长约1毫米；萼片5，三角形，长6毫米—12毫米，宽1.5毫米—2.5毫米，多少被毛；花瓣鲜金黄色，基部常有深色斑点，倒卵形，长7毫米—13毫米，宽5毫米—10毫米，先端钝圆或微凹，基部宽楔形；雄蕊10，花丝鲜黄色，对花瓣的稍短，长2毫米—5毫米；花药淡黄色，卵状长圆形，长1毫米—1.5毫米；花盘稍隆起，基部有蜜腺，并围有白毛；花柱黄色，长2.5毫米—5毫米，密被长毛；柱头黄色，扁球状，5深裂，花时常稍高出雄蕊，上部2/3接受花粉，蒴果具10条纵棱，长1厘米—2.5厘米；果梗长2厘米—6厘米。种子每室单列纵向排列，嵌入木质硬内果皮内，椭圆状，长1毫米—1.2毫米。

生于池塘、水田湿地。沿江流域附近湿地可见。

对富营养化水体中氮、磷去除效果显著。

物语： 黄花水龙的根状茎很长，枝叶可成长藤状横跨河道，故有“水龙”之称。冬季茎梢上的嫩叶仍可存活，春季老茎分枝迅速，生命力十分顽强，是近年来人工生态浮岛的常见材料。

柳叶菜

拉丁名：*Epilobium hirsutum* L.

科　属：柳叶菜科柳叶菜属

别　名：硬毛柳叶菜

花果期：4—10 月

多年生草本，高 50 厘米—120 厘米。茎密被开展的白色长柔毛及短腺毛。下部和中部叶对生，上部叶互生，长圆形至卵状披针形，长 4 厘米—9 厘米，宽 7 毫米—17 毫米，边缘具细锯齿，两面具长柔毛；无柄，基部略抱茎。花单生于叶腋，淡红色或紫红色，长 1 厘米—1.2 厘米，顶端凹缺；雄蕊 8，4 长 4 短；子房下位，柱头 4 裂。蒴果圆柱形，长 4 厘米—6 厘米；被短腺毛；果柄长 4 毫米—10 毫米；种子椭圆形，长 1 毫米，密生小乳状突出，顶端具有簇毛。

生于沟边或沼泽地带。产皖南和大别山区。

全株供药用，民间常用作治疗疮疖肿痛、跌打损伤、出血、痢疾等症。

物语：叶似柳，花如蝶，荚细长，披粉雪。柳叶菜的美，不在轰轰烈烈，而是星星点点。它最爱挑选僻静的水边，慢慢悠悠地开着花，轻轻松松地结着果。

轮叶狐尾藻

拉丁名： *Myriophyllum verticillatum* L.

科　属： 小二仙草科狐尾藻属

别　名： 狐尾藻

花果期： 5—9月

多年生水生草本，根状茎生于泥中，由各节生出多数须根；茎软，多分枝。茎高20厘米—50厘米。水上叶4枚轮生，裂片全裂，深水叶3—4枚，轮生，丝状全裂，裂片线形，长7毫米—15毫米。苞片篦齿状裂；花生于水上叶腋内，轮生，无花梗；单性，雌雄同株。果实卵形，具4条浅沟，顶端宿存有萼片及花柱。

生于池塘、湖泊或河流中。产沿江各地及淮北水域。

茎、叶可作绿肥。

物语：轮叶狐尾藻的绿，不染一丝杂色。它使人惊诧，令人沉醉，也让人不时想起王维那句诗："山中元无雨，空翠湿人衣。"它仿佛具有着神奇的魔力，可在瞬间就把人们从琐碎繁杂的日子里淘洗出来。正凭着这份青翠欲滴，近年来它成了湿地公园的布景常客。

天胡荽

拉丁名： *Hydrocotyle sibthorpioides* Lam.

科　属： 伞形科天胡荽属

别　名： 石胡荽、小叶铜钱草

花果期： 5—9 月

多年生草本，有气味。茎细长，匍匐，平铺地上成片，节上生根。叶片膜质至草质，圆形或肾圆形，长 5 毫米—15 毫米，宽 8 毫米—25 毫米，基部心形，两耳有时相接，不分裂或 5—7 浅裂，裂片阔倒卵形，缘具钝齿，上面无毛；或两面疏被柔毛；叶柄长 7 毫米—90 毫米，无毛或顶端有毛；托叶略呈半圆形，薄膜质，全缘或稍有浅裂。伞形花序与叶对生，单生于节上；花序梗纤细，长 5 毫米—35 毫米，短于叶柄 1—3 倍；小总苞片卵形至披针形，长 1 毫米—1.5 毫米，膜质，有黄色透明腺点，背部有一条不明显的脉；小伞形花序有花 5—18，花无柄或有极短的柄，花瓣卵形，长约 1.2 毫米，绿白色，有腺点。果实近球圆形，长 1 毫米—1.4 毫米，宽 1.2 毫米—2 毫米，两侧压扁，中棱在果实成熟时极为隆起，幼时表面草黄色，成熟时有紫色斑点。

生于湿润的草地、沟塘边、稻田埂、林下。产安徽各地。

可作地被绿化；全草可药用，能清热解毒、利尿消肿。

物语： 茎细长，叶柄细长，花序梗纤细，天胡荽看上去弱不禁风。可它能节上生根，匍匐成片，且为多年生草本，颇受人工湿地的青睐。

窃 衣

拉丁名：*Torilis scabra* (Thunb.) DC.

科 属：伞形科窃衣属

别 名：鹤虱、水防风、蚁菜

花果期：4—10 月

一年生或多年生草本。高 30 厘米—80 厘米，全体被贴生短硬毛。茎单生，上部多分枝，有细直纹和刺毛。叶卵形，长尖，1—2 回羽状分裂，小叶片披针状卵形，羽状深裂。复伞型花序顶生或腋生，总花梗长 4 厘米—25 厘米，无总苞或仅有 1 片；伞幅 2—4；线形；长 5 毫米—20 毫米；小总苞片数个，钻形，长 2 毫米—3 毫米；小伞形花序着花 4—12 朵；花白色，花药紫红色，花梗长 2 毫米—4 毫米；萼齿三角状披针形；花瓣倒心形，先端内折，花瓣下面披贴生细毛，花常带粉紫红色。果实长圆形，长 5 毫米—8 毫米，宽 3 毫米—4 毫米。有直立而向内弯曲或有钩的皮刺；分果合生面凹陷。

生于路旁、荒坡、沟边等处。产安徽多地。

根及果实供药用，有活血消肿、收敛、杀虫之效。

物语：总也闹不明白，美美的一片碎花，怎么就被叫成了窃衣。直到从野地回来，裤脚沾满它果实外边的刺毛，才恍然大悟，原来它窃人之衣，播自家之种，何其聪明也！

多年生湿生草本。高60厘米—120厘米，全株无毛。根多数成束状；茎直立，中空，稍分枝。沉水叶二回羽状全裂，末裂片细线形；基生叶叶柄有横隔，叶片单羽裂，具2—4对小叶，小叶形状与茎生叶者相似，但较小，花期早枯；下部茎生叶有长柄，长1厘米—8厘米，细管状，具横隔，叶片单羽裂，具5—9对小叶，小叶无柄，线状披针形，先端尖，边缘具狭尖锯齿；上部叶较狭小。复伞形花序，伞梗粗壮，伞幅10—25，不等长，长1.5厘米—3厘米；总苞片3—10，披针形或条形，全缘或具缺刻，外折；小总苞片5—10，条状披针形，边缘白膜质；萼齿长短不等，细小；花柱基垫状，边缘微波状。双悬果广椭圆形，长2毫米—2.5毫米，稍侧扁；果棱肥厚，近翼状，各棱槽中有1—3条油管，合生面上有2—6条油管。

生于水边或较潮湿处。产沿江流域等地。

全草药用，亦可用于水景绿化。

泽　芹

拉丁名： *Sium suave* Walt.

科　属： 伞形科泽芹属

花果期： 8—10月

物语： 泽芹蓓蕾时嫩黄带绿，花开则如雪伞，结子宛若面染红晕，一丛一片各色相杂，自成水边一景。其根成束，有甜味，可食。

野胡萝卜

拉丁名： *Daucus carota* L.

科 属： 伞形科胡萝卜属

花果期： 5—9 月

二年生草本，高 15 厘米—120 厘米。根圆锥形，较细，白色或黄白色。茎单生，有倒糙硬毛。基生叶，2—3 回羽状分裂，末回裂片线形至披针形，先端锐，叶柄长 3 厘米—12 厘米；茎生叶近无柄，有叶鞘，末回裂片通常细长。复伞形花序顶生，总苞片多数，羽状分裂，下部边缘白色，膜质，具缘毛，裂片线形，反折；小总苞片 5—7，线形，不裂或羽状分裂，具缘毛；伞幅多数，紧贴，结果时外缘的伞幅向内弯折；花白色、黄色或浅红色，多数，花梗长 3 毫米—10 毫米；花瓣倒卵形，先端具狭而内折的小舌片。双悬果长圆形，分果主棱 5 条，具刚毛，次棱 4 条，有翅，翅上具一行钩状刺。

生于田边、路旁、沟边、荒坡中。产安徽多地。

果实可提芳香油；也可供药用，有驱虫的功效。根为健胃消化剂。

物语： 明朱橚（sù）曾把野胡萝卜收入《救荒本草》，并将其与家胡萝卜细作比较，认为苗叶花俱似，只是根比家胡萝卜“尤细小”。朱橚是朱元璋第五子，封邑在今天的河南境内，他以救世之心编写、共收录 400 余种植物的《救荒本草》，可供百姓在饥年荒岁按图索菜而活命，正如李濂在《序言》中所说的那样，“是书有助于民生大也”。

水 芹

拉丁名：*Oenanthe javanica* (Bl.)DC.

科 属：伞形科水芹属

别 名：水芹菜、野芹菜

花果期：6—8月

物语：《诗经·泮（pàn）水》的“思乐泮水，薄采其芹”，使“采芹人”成为古代读书人的雅称。《周礼·天官》也曾记载，水芹是周代祭祀用品之一。可见，水芹的清香悠久绵长。

多年生草本，高15厘米—80厘米。茎直立或下部匍匐，下部节上生根。基生叶有长柄，长2厘米—15厘米。柄基成鞘；上部叶叶柄渐短，直至无柄，一部分或全部成鞘；叶片1—2回羽状分裂，最后裂片卵形至菱状披针形，边缘具不整齐圆锯齿。复伞形花序顶生，总花梗长2厘米—12厘米；伞幅6—16，无或有时有1—3枚线形早落性的总苞片；小总苞有2—8个线形的小苞片，长2毫米—4毫米，小花序梗不等长；萼齿近卵形；花瓣白色；有1长而内折的小舌片；花柱基圆锥形，花柱细长，长1毫米—2毫米，叉开。果实圆柱状半圆形，每棱槽中有油管1条，合生面2条。

多生于浅水沟旁或低洼地，常见栽培。产安徽各地。

茎叶可作蔬菜。全草民间也作药用，有降压功效。

泽珍珠菜

拉丁名：*Lysimachia candida* Lindl.

科　属：报春花科珍珠菜属

别　名：泽星宿菜

花果期：3—5 月

物语：有些花乍一看，相貌平平，如果你肯弯腰细赏，一定会惊喜不已。泽珍珠菜正是这样。它在春日的地头水畔毫不起眼，可细观之下，你会发现它的圆锥花序恰似新娘手中洁白的捧花，而每一朵小花都精致婉约，像极了迷你百合。

多年生草本，全体无毛，高 15 厘米—40 厘米。茎直立，无匍匐枝，基部常带红色。基生叶匙形，长 3 厘米—5 厘米，宽 1 厘米—2 厘米，具带狭翼的长柄；茎生叶互生，少有对生，叶片长椭圆状披针形、倒披针形，长 1 厘米—5 厘米，宽 3 毫米—12 毫米，先端圆钝或急尖，两面散生黑色或带红色的腺点。总状花序顶生，初期密集，果期伸长达 20 厘米；苞片狭披针形或线形，具黑色腺点；花梗长 6 毫米—20 毫米；花萼 5 深裂，裂片披针形，外有明显的中肋和黑色腺点，边缘膜质；花冠白色，筒状钟形，无腺点；雄蕊内藏；花柱与雄蕊近等长。蒴果球形。

生于路旁、田畔、水边和草地潮湿处。产本省各地。

全草入药，有解毒、活血、镇痛的功效，可治疮痈、无名肿毒、跌打损伤及蛇虫咬伤等病症；又可作土农药，水浸液可杀灭蚜螬等害虫。

荇 菜

拉丁名：*Nymphoides peltata* (Gmel.) O.Kuntze

科 属：睡菜科荇菜属

别 名：莕菜

花果期：7—10 月

多年生水生草本。有匍匐地下茎，茎圆柱形，具分枝，沉没于水中，节上生不定根。上部叶对生，下部叶互生，漂浮于水面上；叶面质厚，近圆形，边缘微波状，下面常带紫红色；叶柄长短不一，基部扩大成鞘。伞形花序腋生；花梗粗壮；花萼 5 深裂，几达基部，裂片长圆状披针形；花冠大，金黄色，花冠喉部具毛，5 深裂，裂片卵圆形，先端常凹陷；雄蕊 5 枚，花丝短，花药狭箭形。蒴果狭长圆形，表面有褐色小斑点；种子大，多数，褐色，狭卵形。

生于池塘、溪沟及不甚流动的河流中。产安徽淮河流域及以南地区。

全草药用，可清热利尿、消肿解毒；亦可作观赏植物。

物语：荇（xìng）菜，可谓《诗经》第一菜。开篇之作《关雎》里那位令君子生出爱慕之心的窈窕淑女，正是采荇（即莕）能手。荇菜爱居洁净之水，是严格的水质检验员。

猪殃殃

拉丁名：*Galium aparine* L.

科　属：茜草科猪殃殃属

花果期：4—6 月

一年生蔓生草本。茎 4 棱，叶背中脉及叶缘均有倒生细刺。叶 6—8 枚轮生，线状倒披针形，表面疏生白色细毛，顶端常具刺状突尖，基部渐狭，全缘，干时常卷缩，1 中脉明显；近无柄。花 3—10 朵，成腋生或顶生疏散的聚伞花序；总花梗粗，直立；花小，黄绿色，4 基数；花梗纤细，花萼被钩毛，檐部近截形；花冠裂片长圆形；雄蕊伸出，辐射状。果实具 1 或 2 枚近球状果瓣，密被钩状刺毛。

生于路边、旷野及沟坡。广布安徽各地。

全草药用，有清热解毒、活血通络、消肿止痛功效。

物语：春天的田野沟坡，铺天盖地，到处蔓生着猪殃殃。它看起来细弱不堪，实际上却柔中有刚。它的茎方方棱棱，叶背、叶缘倒刺根根，果实更有杀伤力，刺上还带着钩。

鸡矢藤

拉丁名： *Paederia scandens*(Lour.)Merr.

科　属： 茜草科鸡矢藤属

别　名： 鸡屎藤、牛皮冻

花果期： 6—10 月

缠绕藤本，长 3 米—5 米，全株揉碎后有臭味；茎基部木质化，叶对生，近革质，叶柄长 1.5 厘米—7 厘米；托叶三角形；叶常为卵形、卵状长圆形至披针形。长 5 厘米—9 厘米，宽 1 厘米—4 厘米，全缘。圆锥形聚伞花序腋生和顶生，分枝对生，末回分枝上的花常呈蝎尾排列；小苞片披针形；花萼筒钟状，萼檐 5 裂片三角形；花冠淡紫色，冠筒长约 1 厘米，外面灰白色，内面紫色，均被毛，檐部 5 裂片宽三角形，镊合状，边缘卷缩内曲；雄蕊 5 枚，生于花冠筒中，花丝短长不一；花柱 2 枚，丝状，基部连合。核果球形，黄色，光亮平滑，直径 5 毫米—7 毫米，顶冠以宿萼檐和花盘，内有 2 枚分核，小坚果淡黑色，种子浅黑色。

生于沟旁、湖畔、林缘灌丛中。产安徽多地。

全草药用，能祛风利湿、消食化积、止咳镇痛，可治蛇咬等症。茎皮为造纸和人造棉原料。

物语： 闻其名，俗臭难耐；观其花，妩媚典雅。在广东一带，鸡矢藤饼是清明的必备小吃。好吃莫若好看，秋阳之下，鸡矢藤的叶与果别具风采，令人痴迷。

萝 藦

拉丁名： *Metaplexis japonica*（Thunb.）Makino

科 属： 萝藦科萝藦属

别 名： 白首、乌苋兰、老汉瓢

花果期： 7—11 月

多年生草质藤本，具乳汁。茎中空圆柱状，有纵条纹，幼时密被短柔毛。根细长。叶对生，叶片卵状心形或长卵形，先端短渐尖，基部心形，两侧具圆耳，背面粉绿色；叶柄长 1.5 厘米—5.5 厘米。总状聚伞花序腋生或腋外生，长 2 厘米—5 厘米，有花 10—15 朵，花蕾锥状，顶端尖，花萼裂片披针形，长约 4 毫米；花冠白色，有淡紫色斑纹，花冠筒长约 1 毫米，裂片披针形，长 6 毫米—7 毫米，先端反卷，内面密被茸毛，副花冠生于合蕊冠上，环状 5 裂，裂片兜状；花丝合生成短筒状，花粉块长圆形，下垂；子房无毛，柱头延伸成长喙，顶端 2 裂。蓇葖果双生，纺锤形，长 7 厘米—9.5 厘米，直径 1.5 厘米—2.5 厘米，平滑无毛，种子褐色，扁平，卵圆形，有膜质边缘，种毛长约 2 厘米。

生于沟边、湖畔、林缘、路旁。广布安徽各地。

根、茎、叶、果实均可药用，根可治跌打损伤、毒蛇咬伤，茎叶可治小儿疳积，果实可治劳伤。茎皮纤维可制人造棉。

物语： 萝藦（mò）的名字，透出一股禅意。而别名苋（wán）兰，则雅气十足。《苋兰》一诗，是《诗经》对萝藦的专唱。毛茸茸的花、羊角般的果、对生的心形叶和自备降落伞的种子，无一不让人过目难忘。

马蹄金

拉丁名：*Dichondra repens* Forst.

科　属：旋花科马蹄金属

花果期：4—6 月

物语：马蹄金形似马蹄，是草，也是“金”。汉武帝时代就曾使用马蹄金称量货币，它底圆、内凹、中空，状如马蹄。青翠欲滴的马蹄金，也让人想起白居易笔下的钱塘湖早春：“乱花渐欲迷人眼，浅草才能没马蹄。”

多年生匍匐小草本。茎细长，匍匐地面，被灰色短柔毛，节上生根。叶互生，圆形或肾形，长 5 毫米—10 毫米，宽 8 毫米—15 毫米，顶端钝圆或微凹，全缘，基部心形；叶柄长 1 厘米—3 厘米。花单生叶腋，黄色，小型，花柄短于叶柄；萼片 5，倒卵形，长约 2 毫米，背面及边缘被毛；花冠钟状，5 深裂，裂片矩圆状披针形，无毛；雄蕊 5，生于花冠二裂片间弯缺处，花丝短。蒴果近球形，膜质，短于花萼；种子 1—2 粒，黄色至褐色，无毛。

生于山坡、路旁、沟边、林边等潮湿处。产长江以南，各地引种。

全草入药，有清热利尿、祛风止痛、止血生肌、消炎解毒、接骨、杀虫之功效。并作绿色地被植物，也可用作沟坡、堤坡等的固土材料。

打碗花

拉丁名：*Calystegia hederacea* Wall. ex.Roxb.

科　属：旋花科打碗花属

别　名：兔儿苗、扶苗

花果期：5—9 月

一年生草本，全体不被毛。茎缠绕或平卧，常自基部分枝。叶互生，具长柄，基部叶全缘，卵状椭圆形，长 1.5 厘米—4.5 厘米，宽 2 厘米—3 厘米，先端钝圆，基部近心形；茎上部叶三角状戟形；花梗有棱，长 2.5 厘米—5.5 厘米；小苞片卵圆形，长 1 厘米—1.5 厘米，宿存；萼片 5，长圆形，短于苞片，先端钝，有小尖头；花冠漏斗状，粉红色，长 2 厘米—2.5 厘米；雄蕊 5 枚，基部膨大；子房 2 室，柱头 2 裂，裂片长圆形，扁平。蒴果卵圆形；种子卵圆形，黑褐色，表面有小疣。

生于田埂、荒地、路边及河畔。广布安徽各地。

全草入药，有调经活血、滋阴补虚、健脾益胃、利尿等功效，主治月经不调、白带、脾胃虚弱、消化不良、糖尿病等症。

物语：很多人在童年时都听说过采了打碗花一定会打碗的传说，它是陪伴我们成长的最常见的花草之一。断根、断杈后，它仍可生成新植株，再生能力强，生态幅宽，顽强的生命力可敬可叹。

物语：餐桌上的寻常菜，却出人意料开出妖娆花。蕹（wèng）菜近年来也被作为人工浮岛植物，具有净化水质的作用。

蕹　菜

拉丁名：*Ipomoea aquatica* Forsk.

科　属：旋花科番薯属

别　名：空心菜

花果期：6—10月

一年生蔓性草本。茎中空，节上易生不定根。叶互生，叶柄长短不一；叶片长三角状卵形或箭形，长6厘米—15厘米，先端急尖或钝，基部心形或截形，全缘或波状。聚伞花序腋生。有1至多花；苞片22枚，萼片5枚，卵圆形，先端钝；花冠漏斗状，粉红色、白色或淡紫红色，先端5浅裂，雄蕊5枚，不等长，花丝基部有小鳞毛；子房2室，每室2胚珠，柱头头状，2裂。蒴果球形；种子卵圆形，有柔毛。

生于水中叶大茎粗者叫“水蕹”，生于旱地叶小茎细者又称“旱蕹”。安徽各地常有栽培。

全草及根可入药，内服清热解毒、凉血，外用可治胎毒。亦为常见蔬菜。

三裂叶薯

拉丁名：*Ipomoea triloba* L.

科　属：旋花科番薯属

花果期：7—9 月

物语：原产美洲，已在我国南部归化。喇叭声声忘旧年，直把新洲当从前。过海飘洋无所用，且学乱花迷人眼。

草本。茎缠绕，有时平卧，无毛或散生毛，节上毛较多。叶宽卵形至圆形，长 2.5 厘米—6.5 厘米，宽 2 厘米—6 厘米，3 深裂或全缘或具粗齿，两面均被疏柔毛；叶柄长 2 厘米—12 厘米，有棱角或有时有小疣。聚伞花序腋生，花序梗较叶柄粗壮，具明显棱角，无毛，花梗具棱角及小瘤突，无毛；苞片小，披针状长圆形；萼片近相等，长圆形，先端钝或锐尖，具小短尖头，背部散生疏柔毛，边缘具缘毛；花冠漏斗状，无毛，白色、红色或淡紫红色，冠檐裂片短而钝，有小短尖头；雄蕊 5 枚，内藏，花丝基部有毛。蒴果近球形，具花柱基形成的喙，被细刚毛，2 室，4 瓣裂；种子 4 粒或更少，无毛。

生丘陵路旁、沟边的荒草地或田野，为常见杂草。皖南有生长。

牵 牛

拉丁名：*Pharbitis nil* (L.)Choisy

科 属：旋花科牵牛属

别 名：裂叶牵牛、喇叭花

花果期：7—11 月

一年生草本，全株被粗硬毛。茎缠绕。叶互生，心脏形，3 裂至中部。花腋生，单一或 2—3 朵生于花序梗顶部；苞片线形或叶状，小苞片线形，萼片 5 枚，裂片条状披针形，长 2 厘米—2.5 厘米；花冠漏斗状，白色、蓝色、紫红色或粉红色，长 5 厘米—10 厘米，花冠管颜色较浅；雄蕊 5 枚，内藏，不等长，花丝基部被毛；子房 3 室，柱头头状。蒴果球形，种子 5—6 粒，卵状三棱形，无毛。

生于田边、沟坡等处。安徽各地栽培或逸为野生。

种子入药，黑色者称“黑丑”，米黄色者叫“白丑”，有小毒，主治水肿，外用可除雀斑。亦可作庭园绿化。

物语：牵牛花迎着朝阳盛放，一开就是几十朵，陆续几个月，花色也多样。无论蓓蕾、开花、凋谢、结果，它在生命的每一个过程，都呈现了自己的美丽。

圆叶牵牛

拉丁名：*Pharbitis purpurea* (L.) Voisgt

科　属：旋花科牵牛属

别　名：紫花牵牛

花果期：7—10 月

一年生草本，全株被粗硬毛。茎缠绕。叶互生，圆心形或宽卵状心形，长 4 厘米—18 厘米，宽 3.5 厘米—16.5 厘米，全缘或偶有 3 裂。花腋生，单一或 2—5 朵组成聚伞花序，生于总花梗顶端，总花梗与叶柄近等长；苞片线形，2 枚，萼片 5 枚，卵状披针形，长 1.2 厘米—1.5 厘米，花冠漏斗状，长 4 厘米—6 厘米，紫色、淡红色或白色，顶端 5 浅裂；雄蕊 5 枚，不等长，花丝基部被柔毛；子房 3 室，柱头头状，3 裂。蒴果球形，直径 9 毫米—10 毫米，3 瓣裂，种子卵状三棱形，黑褐色或米黄色，近无毛。

生于田边、沟坡、宅旁。安徽各地栽培或逸为野生。

可作绿化观赏。

物语：圆叶牵牛和牵牛一样，生命力旺盛。虽非为佳花，也能给人很多启示。苏东坡之弟苏辙就曾得其三昧：“嗟尔脆弱草，岂能凌霜晨。物性有禀受，安问秋与春。”（《赋园中所有十首》）

马鞭草

拉丁名：*Verbena officinalis* L.

科　属：马鞭草科马鞭草属

别　名：兔子草

花果期：6—10月

物语：马鞭草，最引人注目的是它的穗状花序。开花时，一朵朵淡蓝色的小碎花，斜插在穗轴的萼筒里，毫不畏惧骄阳的炙烤；结果时，花穗细长，宛如赶车人手中的长鞭，随时会在侵犯它的昆虫头上炸响；花果相间时，则刚柔相济，穗梢上的那团密花，好似马鞭头上系着个鞭缨，令人生出催马扬鞭的喜悦。

多年生草本，高30厘米—120厘米。茎方形，节和棱上有硬毛。叶对生；叶片卵圆形至长圆形，长2厘米—8厘米，宽1厘米—5厘米，基生叶的边缘常有粗锯齿和缺刻，茎生叶无柄，多数3深裂或羽裂，裂片边缘有锯齿，两面皆有硬毛。穗状花序细长如鞭，顶生和腋生，果期长达25厘米，花小；花冠淡紫色至蓝色，长4毫米—8毫米。蒴果长圆形，长约2毫米，成熟后分裂为4枚分果核。

生于路旁、湖滩、沟边或荒地。安徽各地多见。

全草药用，能清热解毒、活血散瘀、利尿消肿。根可治赤、白痢及疟疾等症。

金疮小草

拉丁名：*Ajuga decumbens* Thunb.

科　属：唇形科筋骨草属

别　名：白毛夏枯草

花果期：3—8 月

草本。高 10 厘米—30 厘米。具匍匐茎，全体被白色长柔毛。叶基生和茎生，基生叶较茎生叶长大，具 1 厘米—2.5 厘米或更长的柄，柄具狭翅，与茎基部常呈紫绿色，茎生叶对生，叶片匙形或倒卵状披针形，长 3 厘米—14 厘米，宽 1 厘米—5 厘米，边缘具波状圆齿或近全缘。轮伞花序多花，于茎中上部排列成假穗状花序，下部苞片与茎叶同形，向上渐小，成披针形，花梗短。花萼漏斗状，5 齿近相等；花冠白色，有时略带蓝紫色，冠筒挺直，基部略膨大，外面疏被柔毛，内面近基部有毛环，冠檐假单唇形，上唇短，下唇宽大。小坚果倒卵状三棱形，具网纹。

生于山坡、路旁、溪边阴湿草地上。皖南各地多见。

全草药用，能化痰止咳、清热解毒、止血消肿。

物语：并不起眼的金疮小草，却能疗治金戈铁马与刀光剑影留下的创伤，可谓弱之胜强，柔之克刚。

活血丹

拉丁名： *Glechoma longituba* (Nakai) Kupr

科　属： 唇形科活血丹属

别　名： 金钱草、连钱草

花果期： 4—6月

多年生纤细草本，高10厘米—20厘米，长达50厘米。方茎。叶片心形或肾形，长1厘米—4厘米，宽1厘米—6厘米，生于上部者较大，先端急尖或钝圆，基部心形，边缘具圆齿或粗锯齿状圆齿，两面有毛或近无毛；叶柄有柔毛。轮伞花序常2花，稀具4—6花，腋生，花梗长约2毫米；花萼筒状，长8毫米—11毫米，外面有长柔毛，萼齿先端芒状，具缘毛；花冠淡蓝色至蓝紫色，下唇具深色斑点，花冠筒直立，有长、短两型，短筒常藏于花萼内，外被柔毛，冠檐2唇形，上唇直立，先端2裂，下唇伸长，斜展，3裂，中裂片最大。小坚果长圆状卵形，长1.5毫米，无毛。

生于林缘、林下、溪边、路旁等阴湿处。产安徽各地。

全草入药，能清热解毒、排石通淋，治尿路感染、尿路结石、黄胆型肝炎、肝胆结石、感冒、咳嗽、月经不调、风湿性关节炎等症，外敷治跌打损伤、外伤出血、疮疖痈肿等症。

物语： 四月的河畔溪边，常常盛开着成片的活血丹，远看绿意葱茏，近观花冠生动。别名虽都钻在了钱眼里，却也算得上治病救人的灵丹。

夏枯草

拉丁名： *Prunella vulgaris* L.

科　属： 唇形科夏枯草属

花果期： 5—8月

多年生草本。具匍匐根茎，茎基部伏地，上部直立或斜生，四棱形，常带紫红色，疏被糙毛或近无毛。叶片卵形或卵状长圆形，边缘具不明显的波状齿或几全缘；叶柄长1厘米—3厘米。顶生假穗状花序，圆筒状，苞片膜质，扁圆形，长7毫米—8毫米，宽9毫米—11毫米，具放射状脉纹；花萼钟形；花冠蓝紫色或红紫色。小坚果长圆状卵形，长约1.8毫米。

生于山坡草地、田野、路旁和潮湿地方。广布本省各地。

全草药用，能清肝、散结、利尿，可治高血压、肝热头痛、头晕、淋巴结核、目赤肿痛、淋病等症。叶可代茶。

物语：夏日里，诸草茂盛，夏枯草却提前枯败，早早步入了生命的最后周期。即使无法体验春华秋实的植物生长规律，它也毫无怨言地奉献出自己美丽的花穗，成为软坚散结的妙药。

宝盖草

拉丁名：*Lamium amplexicaule* L.

科　属：唇形科野芝麻属

别　名：佛座

花果期：3—8 月

物语：轮状花序好似佛座悬浮空中，抱茎叶则如荷叶平张，小心托举着层层莲台。宝盖草，花开是景，花谢是药，空灵而实在。

一、二年生草本。茎高 10 厘米—30 厘米，基部多分枝，常带紫色。叶片圆形或肾形，长 0.5 厘米—2 厘米，宽 0.5 厘米—3.3 厘米，先端圆，基部截形或截状阔楔形，边缘具圆齿，两面被糙伏毛，上部叶无柄，半抱茎，下部叶小，具长柄。轮伞花序具 6 至多花；花冠粉红色或紫红色，长 1.5 厘米—1.8 厘米，外面密被紫红色柔毛；雄蕊略短于上唇，花丝无毛，花药被白色长硬毛。小坚果倒卵状三棱形，先端近截形，基部收缩，表面有白色瘤状突起。

生于田野、林缘、宅旁、沟边。产安徽各地。

全草入药，治跌打损伤、肿毒及瘫痪等症。

野芝麻

拉丁名： *Lamium barbatum* Sieb. et Zucc.

科 属： 唇形科野芝麻属

花果期： 3—7月

物语： 轮伞花序如莲台，对生齿叶层层开。
野郊无人来相问，亦自芬芳亦自在。

多年生草本，根茎具细长匍匐枝。茎高25厘米—100厘米，四棱形，几无毛，中空。叶卵圆形至卵状披针形，先端长尾状渐尖，基部心形，边缘具牙齿状锯齿，齿端具胼胝体，两面均被短硬毛；叶柄长达7厘米，茎上部的渐短。轮伞花序4—14花，生于茎上部叶腋，苞片线形或丝状，具缘毛；花萼钟形，萼齿披针形，具缘毛，先端长芒状；花冠白色或浅黄色，冠筒内面近基部有毛环，下唇侧裂片先端有针状小齿；雄蕊花丝被微柔毛，花药被柔毛。小坚果倒卵圆形。

生于路边、溪旁、林缘、荒坡荫湿处。产安徽各地。

全草入药，治跌打损伤、小儿疳积等症。花可治子宫及泌尿系统疾患，亦可提取芳香油，亦可制取脱皮激素。

水　苏

拉丁名： *Stachys aspera* Miq.

科　属： 唇形科水苏属

花果期： 5—8 月

多年生草本，具根茎。茎直立，高 20 厘米—80 厘米，四棱形，在棱及节上被小刚毛，余部无毛。叶片长圆状披针形，长 3 厘米—10 厘米，宽 1 厘米—2.5 厘米，先端微急尖，基部圆形至浅心形，边缘具圆齿状锯齿，两面无毛；叶柄明显，长 2 毫米—17 毫米，向上渐尖。轮伞花序 6—8 花，生于下部者远离，生于上部者密集成长 4 厘米—13 厘米的假穗状花序，苞叶下部叶状，最下部的超出轮伞花序，向上渐小成披针形，花梗短，长约 1 毫米，小苞片微小，刺状，长约 1 毫米；花萼钟形，长约 7 毫米，外面被腺毛，先端具刺尖，有缘毛；花冠粉红色或淡红紫色，冠筒长约 6 毫米，内面近基部有毛环，喉部在下唇方有鳞片状柔毛。小坚果卵球形，无毛。

生于林下、河岸、溪边等湿地草丛中。产安徽各地。

全草入药，能清热解毒、消痰止咳，可治百日咳、咽喉炎、扁桃体炎。根可治疗疮、带状疱疹。

物语： 假假一穗花，真真两片叶。真假不可分，合体临水生。共沐风光好，同忆根脉亲。万物皆为一，无假亦无真。

益母草

拉丁名：*Leonurus japonicus* Houtt.

科　属：唇形科益母草属

花果期：6—10 月

直立草本，高 30 厘米—120 厘米。茎四棱，密被倒向白色糙状毛，基部无毛。叶片变化较大，基生叶和下部茎生叶在花期脱落，卵形至近圆形，长 2 厘米—10 厘米，宽 2 厘米—12 厘米，掌状 3 裂，中裂片菱形，常再 3 小裂，最上部的叶线形至线状披针形；上面绿色有糙伏毛，下面淡绿色，有柔毛和腺点；下部叶具长柄，向上柄渐短至无。轮伞花序腋生，具 8—15 花，小苞片刺状，长约 5 毫米，基部弯曲而外伸，花无梗；花萼钟形，5 齿，齿端刺尖；花冠红色，长 1 厘米—1.2 厘米，花冠筒内面有不明显的毛环，冠檐 2 唇形，上唇直伸，长约 7 毫米。

生于山坡草丛、沟边、路旁。产安徽各地。

全草入药，有活血、散瘀、调经功效，为妇科要药。

物语：风雅《诗经》，总是飘荡着一股浓郁的女性气息，《中谷有蓷》以“蓷”（tuī）起兴，一唱三叹地传递出一位弃妇的哀伤。这山谷之“蓷”，经《毛诗品物图考》的论证，正是今日的益母草。枯槁颓败的益母草，触动了那位遭遇婚变女子的情思，涕泪滂沱中，她叹遇人不淑，悔情覆难收，既自怨自艾，又自觉自省。

荔枝草

拉丁名： *Salvia plebeia* R. Br.

科　属： 唇形科鼠尾草属

别　名： 癞蛤蟆草

花果期： 4—7 月

一年生或二年生草本，茎直立，被倒向灰白色柔毛，高 15 厘米—90 厘米。叶基生和茎生，叶片椭圆状卵圆形、长圆形或椭圆状披针形，长 2 厘米—7 厘米，宽 0.8 厘米—3 厘米，边缘具圆齿或尖锯齿，叶面褶皱，两面被毛，下面散布黄色腺点；叶柄长 0.4 厘米—2 厘米，密被柔毛。轮伞花序 6 花，被毛；花萼钟形，外面被毛并散布黄色腺点；花冠淡红色、紫色至蓝色，稀白色。小坚果倒卵圆形，直径 0.5 毫米，光滑。

生于山坡、山麓、田野、路旁、溪边潮湿地。产安徽各地。

全草入药，能清热解毒、利尿消肿、凉血止血，可治扁桃体炎、口腔炎、慢性肾炎、肺结核咳血、血小板减少性紫癜等症，外用治痈肿、痔疮、乳腺炎等症。

物语：“一骑红尘妃子笑，无人知是荔枝来。”荔枝总让人想起杜牧笔下恃宠而骄的杨贵妃。因投射了“芙蓉如面柳如眉”的贵妃身影，癞蛤蟆草作为荔枝草的别名，就显得格外具有戏剧性。荔枝与癞蛤蟆，可谓霄壤之别，却在此种植物身上得到和谐统一。充满折皱的叶片，既似荔枝的外壳，又像癞蛤蟆的脊背。其实，像谁都无关紧要，倒是它霜雪不惧的个性，以及荒年可救命、常年可救病的惠益，值得人类称道。

华鼠尾草

拉丁名：*Salvia chinensis* Benth.

科　属：唇形科鼠尾草属

别　名：石见穿、紫参

花果期：7—11 月

一年生草本。根圆柱形，紫褐色。茎直立或基部倾卧，高 20 厘米—80 厘米，被短或长柔毛，单一或有分枝。单叶或下部为羽状 3 小叶，叶片卵圆形或卵圆状椭圆形，长 1.3 厘米—8 厘米，宽 0.5 厘米—5 厘米，先端钝或急尖，基部心形或圆形，边缘具钝锯齿，两面疏被柔毛或近无毛，叶柄长 2 厘米—7 厘米，疏被长柔毛。轮伞花序 6 花，下部疏离，上部密集，花序轴被短柔毛，苞片和小苞片披针形，长 2 毫米—10 毫米，花梗 1.5 毫米—2 毫米，被短柔毛；花萼钟形，紫色，长 4.5 毫米—6 毫米；花冠紫色，长约 10 毫米；能育雄蕊略外伸，花丝短，药隔长 4.5 毫米，关节处有毛，下臂分离。小坚果椭圆状卵圆形，光滑。

生于山坡、田野、沟边或草丛中。产安徽淮河以南各地。

全草入药，能清热解毒、活血止痛，外用治面神经麻痹、乳腺炎、痈肿、瘰疬和跌打损伤等症。

物语：秋日的沟坡溪畔，常可见三五成丛的华鼠尾草。它静静地开放，点缀着远离喧闹的郊野。它像是在向人们证明，错过春天，一样可以美丽。

细风轮菜

拉丁名：*Clinopodium gracile* (Benth.) Mztsum

科 属：唇形科风轮菜属

别 名：剪刀草、瘦风轮

花果期：3—7月

纤细草本。茎多数，自匍匐茎生出，柔弱，上升，高10厘米—30厘米，被倒向短柔毛或近无毛。叶片卵圆形或卵形，长1厘米—3厘米，宽0.8厘米—2.4厘米，先端钝，基部圆形或楔形，边缘具锯齿，上面近无毛，下面脉上疏被短毛，侧脉2—3对；叶柄长3毫米—20毫米，密被短柔毛。轮伞花序多花，疏离或密集于茎（枝）端组成短的假总状花序，花梗长1毫米—3毫米；花萼筒形，长约3毫米，果期增大，基部一边膨胀，外面脉上被短硬毛，上唇3齿，齿三角形，果期外翻；花冠淡红色或紫红色，长4毫米—5毫米。小坚果卵球形，光滑。

生于路边、草地、沟边、山坡及林缘。产安徽各地。

全草入药，能清热解毒、消肿止痛，可治感冒头痛、中暑腹痛、咽喉肿痛、乳腺炎、肠炎、痢疾、无名肿毒及过敏性皮炎等症。

物语： 细茎转轮盘，微花缀盘缘。
何惜柔弱身，普济天下人。

薄　荷

拉丁名：*Mentha haplocalyx* Briq.

科　属：唇形科薄荷属

别　名：野薄荷

花果期：8—11月

多年生芳香草本，高30厘米—100厘米。茎下部匍匐，上部直立，多分枝，上部被倒向柔毛。叶片长圆状披针形至卵状披针形，长2厘米—8厘米，宽0.5厘米—3厘米，先端急尖或稍钝，基部楔形，边缘疏具粗齿，两面疏被柔毛和腺点，侧脉4—6对；叶柄长2毫米—15毫米。轮伞花序多花，腋生，花梗纤细，长2毫米—3毫米；花萼钟形，长约2.5毫米，外面被微柔毛和腺点，10脉；花冠淡红色、青紫色或白色，长4毫米—5毫米，外面略被微柔毛，内面喉部以下被微柔毛。小坚果卵球形。

生于山谷、溪边、田边、水旁阴湿草丛中。产安徽各地。

全草入药，能疏散风热，可治感冒头痛、目赤、咽痛、口疮、皮肤瘙痒等症；还可提取薄荷脑和薄荷油。幼嫩茎尖可食。

物语：薄荷花开，最美的是白色，犹如雪球一般。它的香气扑鼻，令人难忘。三两片鲜叶即可制得香茶一杯，使人气定神闲。

硬毛地笋

拉丁名： *Lycopus lucidus* Turcz. var. *hirtus* Regel

科　属： 唇形科地笋属

别　名： 地瓜儿苗

花果期： 7—11 月

多年生草本，高 30 厘米—120 厘米。根茎横走，先端肥大，圆柱形，白色。茎直立，常不分枝，节上常带紫红色，棱及节上被硬毛。叶片披针形，或长圆状披针形，长 2.5 厘米—12 厘米，宽 1 厘米—4 厘米，边缘具锐齿，密被细硬毛，叶柄短或近无柄。轮伞花序多花，近圆球形，花期直径达 1 厘米以上，小苞片卵形至披针形；花萼钟形，花冠白色。小坚果倒卵圆状四边形，褐色。

生于田边、水边等。产安徽多地。

全草入药，能活血祛瘀、通经行水，为妇科要药，可治痛经、闭经和产前产后诸症，又可治金疮肿毒和风湿关节痛。肥大根茎称“地笋”，可食用。

物语：春吃嫩叶秋吃根，硬毛地笋在深秋后的根状茎很像竹笋，口感脆嫩。它常成丛生于水边，长势旺盛，也是难得的水边景观。

紫　苏

拉丁名： *Perilla frutescens* (L.) Britt.

科　属： 唇形科紫苏属

别　名： 白苏

花果期： 7—11 月

一年生草本，高 50 厘米—150 厘米。茎直立，有时带紫色；全株被长柔毛。叶片宽卵形或近圆形，先端急尖或尾状尖，基部圆形或宽楔形，边缘具粗锯齿，两面绿色，有时紫色或下面紫色，侧脉 7—8 对。轮伞花序 2 花，组成顶生和腋生的偏向一侧的假总状花序；苞片宽卵圆形或近圆形，具腺点，内面喉部有疏毛环，花冠白色至紫红色；雄蕊 4 枚，与花冠近等长，前对稍长。小坚果近球形。

生于田野、路边、草地、沟旁和疏林下。产安徽多地。

茎、叶和果实入药，能发表散寒、理气宽中、止呕安胎、祛痰定喘，可治风寒感冒、头痛、咳嗽、胸腹胀满、胎动不安等症。也可作香料。

物语： 紫苏具有特殊的香气，其叶可食。早在西汉枚乘的名赋《七发》中，就曾有“秋黄之苏”入菜的记录。

显脉香茶菜

拉丁名：*Isodon nervosus* (Hemsl.) Kudo.

科 属：唇形科香茶菜属

别 名：蓝花柴胡

别 名：7—11 月

多年生草本，高达 1 米，全株被微柔毛；茎直立，不分枝或少分枝，四棱形，老时毛渐脱落近无毛。叶交互对生，披针形至狭披针形，长 3.5 厘米—13 厘米，宽 1 厘米—2 厘米，薄纸质，先端长渐尖，基部楔形至狭楔形，边缘有具胼胝尖的粗浅齿，侧脉 4—5 对；上部叶无柄，下部叶具短柄。聚伞花序 3—15 花，总梗长 5 毫米—8 毫米，于茎顶组成疏散的圆锥花序；苞片狭披针形，叶状，长 1 厘米—1.5 厘米，小苞片线形，长 1 毫米—2 毫米。花萼钟形，长约 2 毫米，萼齿 5，近相等，披针形，锐尖，果时增大呈宽钟形，萼齿直伸，三角状披针形，与萼筒等长，齿间具宽圆凹。花冠蓝色，长 6 毫米—8 毫米，冠檐二唇形，上唇 4 等裂。2 强雄蕊，伸出于花冠外；花盘盘状。小坚果卵圆形。

生于山谷、溪边、草丛或林荫处。产安徽各地。

茎叶入药，治急性传染性肝炎、毒蛇咬伤、脓疱疮、湿疹及皮肤瘙痒等症。

物语：显脉香茶菜是秋日皖南河滩的胜景，成片的蓝紫色细密碎花，引来蜂吟蝶舞。近年来，人们还发现它具有抗癌活性成分。

龙 葵

拉丁名： *Solanum nigrum* L.

科 属： 茄科茄属

别 名： 飞天龙

花果期： 5—10月

一年生草本，高30厘米—100厘米。茎直立，多分枝，绿色或紫色，无毛或被微毛。叶卵形，长2.5厘米—10厘米，宽1.5厘米—5厘米，先端短尖，基部宽楔形，下延，全缘或具不规则的波状齿，无毛或被疏柔毛；叶柄长1厘米—2厘米。短蝎尾状花序，腋外生，有4—10朵花，总花梗长1厘米—2.5厘米，花梗下垂，长约5毫米；花萼杯状，5浅裂，被疏柔毛；花冠辐状，白色，5深裂，裂片卵状三角形，长约3毫米；雄蕊5枚，花丝短，花药顶孔开裂，子房2室，卵形，花柱中部以下有白色绒毛。浆果球状，直径约8毫米，紫黑色，基部有宿萼；种子多数，近卵形，扁压状。

生于田边、湖畔、河堤、荒地。安徽各地多见。

全草药用，能清热解毒、利水消肿。

物语： 龙葵花有白色和淡紫色两种，但是成熟的果实一如蓝紫色的宝石，个个晶莹圆润。龙葵籽味道酸甜，尽管有小毒，不宜多食，却是很多人童年的美好记忆。

白　英

拉丁名：*Solanum lyratum* Thunb.

科　属：茄科茄属

别　名：山甜菜

花果期：8—10 月

物语：白英的琴形叶，飞鸟一般的小花，晶莹剔透的浆果，显得玲珑可爱。其实它既中看又中用，近年来，人们正在不断探索它对治疗肝肺癌症的积极贡献。

草质藤本，长 0.5 米—1 米，全株密被具节长柔毛。叶互生，多为琴形，长 3 厘米—6 厘米，宽 2.5 厘米—4.8 厘米，基部常 3—5 深裂，裂片全缘，侧裂片较小，先端钝，中裂片较大，常卵形，先端渐尖，上部叶常不分裂，叶柄长 1 厘米—2 厘米。聚伞花序顶生或腋外生，疏花，总梗长 2 厘米—2.5 厘米，花梗长 8 毫米—15 毫米，无毛，顶端稍膨大，基部具关节；花萼杯状，5 浅裂，裂片先端具短尖头；花冠紫蓝色，稀白色，直径约 1.1 厘米，5 深裂，裂片椭圆状披针形，向外反折，先端被微柔毛。浆果球形，深红色，直径约 8 毫米。

生于山坡、林缘、水边及灌丛中。安徽多地可见。

全草药用，可治小儿惊风。果实能治风火牙疼。

假酸浆

拉丁名：*Nicandra physalodes* (L.) Gaertn

科 属：茄科假酸浆属

别 名：冰粉、鞭打绣球

花果期：7—9 月

一年生草本。茎直立，有棱条，无毛，高约 1 米，上部多枝。叶椭圆形或椭圆状卵形，长 5 厘米—17 厘米，宽 2.5 厘米—10 厘米，边缘具波状齿或浅裂，先端短尖，基部楔形，并渐狭成柄。花单生于枝腋而与叶对生，花梗常长于叶柄，俯垂，花萼 5 深裂，先端尖锐，基部箭形，果期增大；花冠蓝色，直径约 2 厘米—3 厘米，5 深裂。浆果球状，直径 1.5 厘米—2 厘米，黄色，外被薄膜质宿萼，种子淡褐色。

生于田边、荒地、沟坡。江淮之间偶见栽培。

全草入药，具镇静、祛痰、清热解毒功效。供观赏。

物语：假酸浆原产南美，是一种归化植物。种子成熟后可磨粉制作凉粉，口感爽滑，消暑解渴，故有“冰粉”之称。

苦 蘵

拉丁名：*Physalis angulata* L.

科 属：茄科酸浆属

别 名：灯笼草

花果期：5—10月

一年生草本，高30厘米—50厘米，多无毛。茎多分枝，纤细，具棱，节稍膨大。单叶，全缘或具不等大锯齿。花单生叶腋，花梗长5毫米—12毫米，被短柔毛；花萼筒形，5中裂，具缘毛；花冠钟状，黄色，喉部常有紫色斑纹；雄蕊5枚，花药紫色；柱头2浅裂。浆果球形，直径约1厘米，包藏于宿萼内；宿萼卵球形，草绿色，薄纸质，具棱，被短柔毛，网脉明显。

生于河沟边及荒地、路旁。多产于长江以南地区。

全草入药，具有清热、利尿、解毒、消肿功效。

物语：苦蘵（zhī）之名，颇有点儿佶屈聱牙，别名“灯笼草”，则形象、好记得多。若仔细看看悬挂着的绿灯笼，很多人一定会说：原来是这个！因为那些灯笼，就是他们童年旧梦里的光影。没有玩具的童年，充满了好奇和美梦，由苦蘵的宿萼膨大而成的灯笼，自然是孩子们探秘的对象。现在想想，这种把自然玩于股掌之间的童年很奢侈，也很有益。

匍茎通泉草

拉丁名： *Mazus miquelii* Makino

科 属： 玄参科通泉草属

花果期： 2—10月

物语： 因为喜水，而被冠名“通泉草”。通泉草属在我国有22种，安徽境内共有7种，匍茎通泉草较为常见，花开春夏秋3季，生命力旺盛，而用途却待发现。

多年生草本，高10厘米—15厘米，无毛或少有疏柔毛。具直立茎和匍匐茎，直立茎倾斜上升，匍匐茎花期发出。着地部分节上常生不定根。基生叶常多数成莲座，倒卵状匙形，有长柄；茎生叶具短柄，卵形或近圆形，具疏锯齿。总状花序顶生，花冠紫色或白色，而有紫斑，花萼钟状漏斗形。蒴果圆球形，稍伸出于萼筒。

生于湿润的路旁、堤埂和河岸。产淮河以南各地。

紫色翼萼

拉丁名：*Torenia violacea*（Azaola）Pennell

科　属：玄参科翼萼属

花果期：7—10月

茎直立或多少斜倾，高10厘米—30厘米，自近基部起分枝。叶具长5毫米—20毫米的柄；叶片卵形或长卵形，向上逐渐变小，先端渐尖，基部楔形，边缘具略带短尖的锯齿，两面疏被柔毛。花梗长约1.5厘米，果期梗长可达3厘米，在枝端排成伞形花序或单生叶腋；花萼矩圆形，具5翅，翅宽达2.5毫米而略带紫红色；花冠长1.5厘米—2.2厘米，其超出萼裂片2毫米—7毫米，淡黄色或白色。蒴果狭椭圆形，包于宿萼内。

生于山坡、沟边、草地、林下、田边及路旁潮湿处。产皖南等地。

有消食化积、解暑、清肝功效，主治小儿疳积、中暑呕吐、腹泻、目赤肿痛。

物语：首次碰面，是在皖南一莫名河畔。近午时分，秋阳高照，四寂无声，唯一牛静卧反刍。紫色翼萼遍布河滩，灼灼其华，与卧牛动静相宜地构筑了一幅秋景图。

母 草

拉丁名： *Lindernia crustacea* (L.) F. Muell.

科 属： 玄参科母草属

花果期： 4—11 月

物语： 母草喜湿，常贴地而生。开花时安安静静，像极了人群中那种默默无语的人。只有弯下腰，才看得清它的光华。而它花开3季的耐力，则更值得称道。

草本。高 10 厘米—20 厘米，常铺散。茎稍 4 棱，有深沟纹，无毛或有疏毛。叶片卵形或三角状卵形，长 0.8 厘米—1.5 厘米。顶端钝或具短尖，基部阔楔形或近球形，边缘有钝锯齿。花单生于叶腋；花柄长 1 厘米—2.5 厘米；花萼坛状，长 0.3 厘米—0.5 厘米，5 裂，裂片三角状卵形，中肋明显，外面被疏粗毛；花冠紫色，长 0.5 厘米—0.8 厘米，花冠筒略长于花萼，上唇直立，卵形，钝头，有时 2 浅裂，下唇 3 裂，中裂片较大，稍长于上唇；雄蕊 4 枚，全育。蒴果椭圆形；种子近球形，浅黄褐色，有明显蜂窝状瘤突。

生于田边、路旁、河岸和堤埂。产安徽淮河流域以南各地。

可药用，能清热利湿、解毒。

陌上菜

拉丁名： *Lindernia procumbens* (Krock.) Philcox

科　属： 玄参科母草属

花果期： 7—10 月

直立草本，高 5 厘米—20 厘米，基部多分枝，无毛。叶无柄；叶片椭圆形至矩圆形，长 1 厘米—2.5 厘米，宽 6 毫米—12 毫米，顶端钝至圆头，全缘或有不明显的钝齿，两面无毛，基出 3—5 脉。花单生于叶腋，花梗纤细，长 1.2 厘米—2 厘米，比叶长，无毛；花萼基部连合，5 裂，裂片条状披针形，长约 4 毫米；花冠淡紫红色，唇形，上唇短，长约 1 毫米，2 浅裂，下唇大于上唇，长约 3 毫米，3 裂；雄蕊 4 枚，全育；柱头 2 裂。蒴果球形或卵球形，种子多数，有网纹。

生于水边、水田、河埂及潮湿地。广布沿江流域多地。

全草入药，有清热利湿、解毒之效。

物语： 每见陌上菜，总要念及苏轼的“陌上花开蝴蝶飞，江山犹是昔人非。遗民几度垂垂老，游女长歌缓缓归”。年年岁岁，花开花落，唯自然可以永恒。而不受人类保护的自然，何有永恒之说？

泥花草

拉丁名： *Lindernia antipoda* (L.) Alston

科　属： 玄参科母草属

花果期： 8—10月

小草本。无毛，茎高8厘米—20厘米，基部分枝。叶片椭圆形，椭圆状披针形或倒卵形，边缘有少数不明显的锯齿至有明显的锐锯齿或近于全缘，两面无毛，顶端圆钝或短尖，基部狭窄成短柄而近于抱茎。花成疏生的总状花序，花柄长1厘米—2厘米，对生于苞片状叶腋；花萼裂片线状披针形，长4毫米—6毫米；花冠浅红色，二唇形，长约1厘米；能育雄蕊2枚，另2枚败育，花柱早枯。蒴果线形，较花萼长2—2.5倍。

生于水田、沟边、草地及阴湿的旷野。产安徽长江流域以南各地。

全草药用，有消肿去毒之效，治蛇伤、热疮等。

物语： 泥花草，伏地而生，几乎找不着一根挺立的茎，即使这样，它也依然泥里开花，美美一夏。秋日的蒴果更不含糊，虽细如线，却满贮种粒，以备来年。

白花水八角

拉丁名：*Gratiola japonica* Miq.

科　属：玄参科水八角属

别　名：水八角

花果期：5—7月

一年生草本，高8厘米—25厘米。茎无毛，中下部有柔软的分枝。叶基部半抱茎，长椭圆形至披针形，长7毫米—23毫米，宽2毫米—7毫米，顶端具尖头，全缘，不明显三出脉。花单生于叶腋，无柄或近无柄；小苞片草质，条状披针形；花萼5深裂近基部，裂片条状披针形至矩圆状披针形，具薄膜质的边缘；花冠白色或带黄色，长5毫米—7毫米，筒状，二唇形，上唇顶端钝或微凹，下唇3裂；雄蕊2，位于上唇基部，下唇有2退化雄蕊；柱头2浅裂。蒴果球形，棕褐色；种子细长，具网纹。

生于水田、沟边和湖边潮湿地。产皖南和沿江地带。

物语：嫩茎绿如玉，叶脉似川流。白花两相对，层层垒双球。白花水八角，既可种子繁殖，也可无性繁殖。生对了地方，是难得的景观；错生于稻田，则是难除的杂草。

阿拉伯婆婆纳

拉丁名：*Veronica persica* Poir.

科　属：玄参科婆婆纳属

别　名：波斯婆婆纳

花果期：3—7 月

物语：这“洋婆婆”来自西亚和欧洲，在早春的原野，四处讲述着春天的故事。清明时分，是它最盛情的时刻，蓝色的小花氤氲成片，素朴而精致。

铺散多分枝草本，高 10 厘米—50 厘米。茎密生两列多细胞柔毛。叶对生，具短柄，卵形或圆形，长 0.5 厘米—2 厘米，宽 0.5 厘米—1.8 厘米，基部浅心形，平截或浑圆，边缘具钝齿，两面疏生柔毛。总状花序较长，苞片互生，与叶同形，且近等大，花梗比萼片长；花萼于果期增大，裂片卵状披针形，基出 3 脉；花冠蓝色至紫色，长 4 毫米—6 毫米，裂片卵形至圆形，喉部疏被毛；雄蕊短于花冠。蒴果肾形，长约 5 毫米，宽约 7 毫米，幼时被腺毛，网脉明显，凹口角度超过 90°，裂片钝，宿存花柱长约 2.5 毫米，超出凹口；种子背面具深的横纹，长约 1.6 毫米。

生于路旁、田边及河畔。产皖西、皖南及江淮地区。

能解热毒，可治肾虚、风湿、疟疾。

水蓑衣

拉丁名：*Hygrophila salicifolia* (Vahl) Nees

科　属：爵床科水蓑衣属

花果期：8—10 月

一、二年生草本，高 20 厘米—90 厘米。基部节具不定根，茎具 4 钝棱和纵沟，仅节上被疏毛。叶对生，长椭圆状披针形，全缘稀呈微波状，两面近无毛，有披针状钟乳体贴生；叶柄短或无。花 2—7 朵簇生于叶腋；苞片疏生短毛和睫毛，小苞片长约为萼之半；花萼有毛，5 深裂达中部，裂片三角状披针形；花冠淡红紫色，上部膨大，外有微毛，二唇形，上唇 2 浅裂，下唇 3 深裂，花冠筒稍长于唇瓣；二强雄蕊，内藏，花药 2 室。蒴果线形或长圆形；种子细小，16—32 粒，四方状圆形，遇水后即出现密白绒毛。

生于溪沟边或阴湿草丛中。产沿江、江南等地。

全草入药，有健胃消食、清热消肿功效，可治消化不良、无名肿毒、蛇虫咬伤等症。

物语：蓑衣，是中国古典诗歌的常见意象，它时常可以抚平传统文人失意人事的创伤。蓑衣一披，就回归了自然，也悟得了人生的真谛。南宋吴芾就曾有言："扰扰半生蝴蝶梦，休休今日绿蓑衣。"水蓑衣虽不比绿蓑衣的空灵，却实打实地可以养生健体。

爵 床

拉丁名：*Rostellularia procumbens* (L.)Nees

科 属：爵床科爵床属

花果期：8—11月

一年生细弱草本，常簇生，被短硬毛，高20厘米—50厘米。叶椭圆形至椭圆状长圆形，全缘，表面有种乳体；叶柄短，被短硬毛。穗状花序顶生或生于上部叶腋，圆柱状；具1苞片，小苞片2枚，披针形，有缘毛；花萼4裂，裂片线形，约与苞片等长，有膜质边缘和缘毛；花冠粉红色或淡蓝紫色，2唇形，下唇3浅裂，雄蕊2枚，生于花冠筒口内，稍伸出，2药室不等高，较低1室具尾状附属物；柱头2裂，子房室2，每室2胚珠。蒴果线状，被毛，上部具4粒种子，下部实心似柄状；种子卵圆形，黑褐色，表皮有瘤状皱纹。

生于旷野、沟边或林下。产淮河流域以南地区。

全草供药用，能清热解毒、利尿消肿，可治感冒发热、疟疾、咽喉肿痛、小儿疳积、痢疾、肠炎、肾炎水肿、痈疮疖肿以及跌打损伤等症。

物语：爵床之名，有点不可思议，连李时珍也在《本草纲目·草部》中叹曰：“爵床不可解。”虽不解其名，大师却熟稔它根茎叶的药性，认为用爵床茎叶作浴汤，可主治“不得着床，俯仰艰难”的腰脊痛；而爵床根，则可治五脏积气等症。

车　前

拉丁名： *Plantago asiatica* L.

科　属： 车前科车前属

别　名： 车前草、车前子

花果期： 4—10 月

多年生草本，高 20 厘米—40 厘米，全体光滑或稍有短毛。根茎短而肥厚，具多数须根。基生叶直立或外展，叶片卵形或宽卵形，长 4 厘米—12 厘米，宽 4 厘米—9 厘米，顶端钝圆，基部宽楔形，渐狭成柄，边缘近全缘或有波状浅齿；叶柄与叶片等长，基部膨大。花葶数个，直立，长 20 厘米—45 厘米，有浅槽，穗状花序占花葶上端的 1/3—1/2 部分；花小，花萼裂片倒卵状椭圆形至椭圆形，花冠裂片披针形。蒴果椭圆形，长约 3 毫米，近中部周裂；种子 5—6 粒，稀 7—8 粒，矩圆形，腹面平坦。

生于荒地、路旁、旷地、沟塘边。产安徽各地。

嫩叶可食，或作饲料；全草与种子入药，能利尿、清热、止咳；全草捣烂与肥皂配成农药，能防治棉蚜。

物语： 车前之草，最为习见。“采采芣苡（fú yǐ），薄言采之。采采芣苡，薄言有之。”《诗经・芣苡》记录的正是古代劳动妇女采摘车前草时三三五五、群歌互答的欢快场景。

北美车前

拉丁名：*Plantago virginica* L.

科　属：车前科车前属

别　名：毛车前

花果期：4—7月

一年生草本，全株密被白色长柔毛。具明显的圆柱形直根和许多纤细的须根，根状茎短。基生叶直立或平展，叶片长椭圆形至倒卵状披针形，长6厘米—15厘米，宽2厘米—4厘米，顶端圆钝或急尖，基部楔形，渐狭成柄，边缘疏生浅齿，弧状脉3—5条；叶柄长1厘米—6厘米。花葶3—9枚，直立或略呈弧形，长20厘米—50厘米，穗状花序长为花葶总长的1/3—1/2，上部花密，下部花较疏，苞片狭三角形，内凹，具绿色龙骨状突起；花萼4裂，背面有龙骨状突起；花冠淡黄色，顶端4裂，裂片卵状披针形，顶端锐尖，直立，不反折。蒴果椭圆形，长约2毫米，中部周裂；种子2粒，椭圆形，棕黑色，表面有细密的网纹。

生于路旁、沟边、林下等地。原产北美，安徽各地可见。

物语：北美车前与车前形态的主要差别，在于其叶与花葶均密被白色柔毛。北美车前为入侵物种，上世纪50年代发现于江西南昌境内，现安徽境内也较为常见。

半边莲

拉丁名：*Lobelia chinensis* Lour

科　属：桔梗科半边莲属

别　名：蛇共眠

花果期：6—10 月

多年生矮小草本，有白色乳汁。茎平卧，节上生根，高 6 厘米—20 厘米，无毛。叶长圆状披针形或线形，长 8 毫米—25 毫米，宽 3 毫米—7 毫米，顶端急尖，边缘有波状小齿或近全缘，近无柄。花生于上部叶腋，花柄长于叶；萼筒长管形；花冠白色或紫红色，无毛或内部略带细短柔毛，5 裂，平展于一侧；花药合生，下面 2 花药顶端有毛。子房下位，2 室。

生于山坡路旁、田边湿地。产皖南山区、沿江丘陵地区及皖西大别山区。

全草药用，有消肿解毒功效，主治毒蛇咬伤、肝硬化腹水、肾炎水肿、扁桃体炎、阑尾炎，外敷治痈疮、疔疖。

物语：花开半边却为莲，半边莲实在令人称叹。它在先天的残缺中透出空灵，又给每一位看客留下思考。人们总想追求完美，其实，完整并不一定完美。很多时候，尽己所能，不怨不艾，反倒能从容开出迷眼之花，甚至可以生成残缺之美。

接骨草

拉丁名：*Sambucus chinensis* L.

科 属：忍冬科接骨木属

别 名：陆英

花果期：7—10 月

物语：接骨草枝繁叶茂，是一种美丽的景观植物。它的花朵虽小，却颇具规模，果实如珍珠一般，入秋后由绿转红，十分秀美。因其有治疗跌打损伤、骨折疼痛之效，故得名“接骨草”。

多年生草本。高 1 米—2 米。枝圆柱形，有棱，髓部白色。3—9 小叶奇数羽状复叶，对生，稀近互生，椭圆状披针形，长 5 厘米—12 厘米，宽 3 厘米—5 厘米，先端渐尖，边缘有细密锐锯齿，基部阔楔形，常偏斜。伞形聚伞花序，除两性花外，散生有不孕花变成的黄色杯状腺体，花小，白色或乳白色；花萼筒杯状，5 齿裂，短于花萼筒；花冠辐状，5 裂，裂片卵形；雄蕊 5 枚，与花冠裂片互生；雌蕊 1 枚，花柱短，柱头 3 裂，子房下位，3 室。果卵形，直径 3 毫米—4 毫米，红色至黑色，具宿萼。

生于林下、河沟旁或山坡草丛中。产淮河流域以南各地。

全草入药，根能治风湿性关节炎、跌打损伤，茎叶有发汗利尿、通经活血作用。

藿香蓟

拉丁名： *Ageratum conyzoides* L.

科 属： 菊科藿香蓟属

别 名： 胜红蓟

花果期： 6—11月

一年生草本。茎稍带紫色，被白色多节长柔毛，幼茎幼叶及花梗上的毛较密。叶对生，有时上部互生，叶卵形或菱状卵形，长4厘米—13厘米，宽2.5厘米—6.5厘米，两面被稀疏的白色长柔毛，基部圆形或宽楔形，边缘有钝圆锯齿；叶柄长1厘米—3厘米。头状花序较小，直径约1厘米，在茎或分枝顶端排成伞房花序；总苞片矩圆形，顶端急尖；花淡紫色或浅蓝色；冠毛鳞片状，上端渐狭成芒状，5枚。

原产中南美洲。生山坡、林下、河岸等地。沿江流域等地可见。

全株有臭味，药用，可清热解毒、消肿止血。

物语：紫紫一细茎，蓝蓝一簇花。
芳名香如藿，似菊生清凉。

下田菊

拉丁名： Adenostemma lavenia (L.) O.Kuntze

科　属： 菊科下田菊属

别　名： 拔毒散、白龙须

花果期： 7—10月

一年生草本，高30厘米—100厘米。茎直立，上部常叉状分枝，被白色短柔毛，基部光滑无毛。茎基部叶较小，花期常凋落；中部叶较大，矩椭圆状披针形或卵状椭圆形，长4厘米—10厘米，宽3厘米—6厘米，顶端急尖或钝，基部宽楔形，两面被稀疏短柔毛，背面沿叶脉处较密，叶缘有锯齿或圆钝锯齿；叶柄长0.5厘米—4厘米，具狭翅；上部叶渐小，具短柄。头状花序在枝端排列成伞房状或圆锥花序，花序梗分枝被短柔毛，长1厘米—4厘米；总苞半球形，长约5毫米，宽约8毫米；总苞片2层，长椭圆形，草质，边缘膜质，近等长，基部连合，外层总苞片大部分合生，背面被柔毛，基部较密；小花全为管状花，两性，乳白色或肉黄色，花冠长约2.5毫米，顶端稍扩大，5齿裂，全部结实。瘦果倒卵状披针形，长约4毫米，具腺点或细瘤，黑褐色；冠毛棍棒状，4枚，长约1毫米，基部结合成环状，顶端各具1枚棕黄色腺体。

生于潮湿林下或田埂、沟边。产皖南、皖西等地。

全草入药，有清热利湿、解毒消肿功效，可治感冒咳喘、风湿痹痛、痈疮肿毒、跌打损伤以及急性黄疸型传染性肝炎等症。

物语： 下田一丛菊，近水生芳华。密密管花聚，细听人世语。下田菊虽无花香，也无出众的貌色，却医用广泛。它散落在秋日的田埂地头，自成处处田间小景。

鬼针草

拉丁名：*Bidens pilosa* L.

科　属：菊科鬼针草属

别　名：一包针

花果期：8—11 月

物语：鬼针草的确很鬼，它在自己条形瘦果的顶端安装了数根刺针，且针针带有倒刺，为的就是钩住行人的衣物，借助人类的脚力，更广远地繁衍后代。这种鬼灵精般的生存智慧实在令人叹服。

一年生草本，高 30 厘米—80 厘米。茎直立，四棱形，近无毛。叶对生，单叶或羽状分裂，或三出复叶；小叶片卵形或卵状椭圆形，长 2 厘米—4 厘米，宽 1.5 厘米—2.5 厘米，顶端尖或渐尖，基部近圆形，边缘具不规则锯齿或分裂，背面有柔毛，腹面近无毛；叶柄长 3 厘米—5 厘米。头状花序直径 6 毫米—8 毫米，具细长梗，花期长 1 厘米—4 厘米，果期长 5 厘米—12 厘米；总苞钟状，基部被短柔毛；外层总苞片条状匙形，内层总苞片椭圆形，膜质；托片披针形；舌状花缺，或偶见 4—5 枚，黄色；管状花黄色，长约 4.5 毫米，顶端 5 裂。瘦果条形，黑色，4 棱，长 1 厘米，具硬毛；顶端芒刺 3—4 枚，长 3 毫米—4 毫米，具倒向刺毛。

生于路旁、荒野和河沟边。安徽各地习见。

全草入药，能消热解毒、收敛止泻，主治肠炎、痢疾、咽喉炎、肝炎、胆囊炎、感冒咳喘、风湿痹痛等症。

大狼把草

拉丁名：*Bidens frondosa* L.

科　属：菊科鬼针草属

别　名：接力草

花果期：7—10 月

一年生草本，高 40 厘米—120 厘米。茎枝较细，常带紫色。叶对生，具柄，三出或羽状复叶；小叶 3—5 枚，披针形，基部楔形，顶端渐大，长 2 厘米—7 厘米，宽 1 厘米—2.5 厘米，边缘有规则锯齿；小叶柄长 1 厘米—3 厘米。头状花序单生枝顶或腋生，具细梗，长 2 厘米—5 厘米；总苞半球形或钟状；总苞片 2 层，外层常 8 枚，叶状，内层膜质，具黄色边缘；托片披针形；舌状花常缺，不育；管状花黄色，两性，长约 3 毫米，顶端 5 裂。瘦果扁平，狭倒卵状楔形，长 5 毫米—8 毫米，宽 2 毫米—3 毫米；顶端芒刺 2 枚，长 3 毫米，具倒向刺毛。

生于河畔、荒野。广布安徽各地。

全草入药，能养阴润肺、清热解毒。嫩草可饲用，亦可作绿肥。

物语：大狼把草也是鬼灵精，顶端两刺最具锋芒。不过，它懂得刚柔相济，盛夏花开时，它是水边的胜景；秋日染霜后，它的红叶又生出另一番风韵。

粗毛牛膝菊

拉丁名：*Galinsoga quadriradiata* Ruiz & Pav.

科 属：菊科牛膝菊属

花果期：6—9 月

物语：名字虽有点儿粗俗，花却开得异常精巧。安守角落，一心一意地摒弃着喧嚣与浮躁。所求不多，贡献却不少。

一年生草本。茎纤细，节处易生根，全体被开展白色长毛及少量腺毛。单叶，对生，卵形或卵圆形，顶端渐尖，基部圆形或平截，边缘有粗锐锯齿，常具睫毛，叶两面被伏毛，粗糙，基出3脉；叶柄长1厘米—1.5厘米，被毛。头状花序，具异形小花，花序梗纤细，被开展长毛；总苞半球形；总苞片2层，绿色，近膜质，卵形或卵圆形；舌状花1层，4—5枚，白色，顶端平截；管状花淡黄色，顶端5齿裂；花序托凸起，具披针形托片，膜质，具1条褐色中脉，顶端不裂。瘦果倒锥形，具棱角，顶端具睫毛状鳞片冠毛。

生于路旁、沟边等处。皖南、皖西等地有生长。

全株入药，对肝炎、胆囊炎、咽喉炎及感冒咳嗽有一定疗效。

豨　莶

拉丁名：*Siegesbeckia orientalis* L.

科　属：菊科豨莶属

别　名：粘糊菜

花果期：6—10 月

物语：豨莶(xī xiān)貌相普通，用途却不小。《本草纲目》就曾记录用豨莶枝叶研末加蜜，制作“莶丸”，以医治中风的古方；今人则常以豨莶制品治疗风湿。

一年生草本，高 30 厘米—80 厘米。上部分枝二歧状，常带紫红色，被白毛短柔毛。叶对生，基部叶花期枯萎；中部叶卵状三角形或卵状披针形，长 4 厘米—15 厘米，宽 2 厘米—10 厘米，边缘具不规则钝齿至浅裂，基出 3 脉；叶柄长约 1 厘米；上部叶渐小，长 2 厘米—4 厘米，宽 1 厘米—2 厘米。头状花序直径 8 毫米—10 毫米，排成二歧式分枝，分枝具长柔毛，花序梗长 2 厘米—4 厘米，密生短柔毛；总苞阔钟形；总苞片 2 层，外层线状匙形，开展，长约 1 厘米，内层卵状椭圆形，长约 5 毫米；托片近膜质，外层内弯；舌状花黄色，雌性，长约 3 毫米；管状花黄色，两性，上端具 4—5 齿裂。瘦果倒卵状，4 棱，长 3 毫米—3.5 毫米，深褐色。

生于路旁、林缘及沟坡。产皖南、皖西及沿江、江淮地区。

全草具解毒镇痛、清热凉血功效，主治风湿痹痛及肝炎、胆囊炎等症。也可作饲料。

鳢 肠

拉丁名：*Eclipta prostrata* L.

科 属：菊科鳢肠属

别 名：烂脚丫、旱莲草、墨菜

花果期：6—10 月

一年生草本，高 15 厘米—60 厘米，全体被糙伏毛，富含水汁。节部着土易生不定根，植株干后常变黑色。叶片披针形，长 5 厘米—12 厘米，宽 1 厘米—3 厘米，顶端常渐尖，基部渐窄而常无柄，具疏齿，或全缘。头状花序顶生或腋生，有 2 厘米—4 厘米长的细梗，花期直径 6 毫米—8 毫米，果期直径 10 毫米—12 毫米；总苞宽钟形，长约 4 毫米，宽 5 毫米—7 毫米；总苞片 5—6 枚，2 层，长椭圆形；边缘舌状花，2 层，雌性，白色，长 2 毫米—3 毫米，舌片顶端 2 浅裂或全缘；中央管状花，多数，两性，白色，基部略带淡黄色，长 1.5 毫米，顶端具 4 齿裂；花柱分枝扁钝。管状花的瘦果扁椭圆形，4 棱，舌状花的瘦果椭圆形，3 棱，长约 3 毫米。

生于潮湿的路旁、田埂、河岸边。广布安徽各地。

全草入药，可治跌打损伤、头昏眼花、出血崩漏等症，有活血散瘀、补肝肾及收敛止血等功效。全株可作家畜饲料。

物语：鳢（lǐ）者，乌鱼也。鳢肠，大约取乌鱼肠黑之意，因为此草具有折断后汁液迅速变黑的特点。《本草纲目》在此草处附方十余种，认为它有乌须固齿、止血截疟等用途。

金鸡菊

拉丁名： *Coreopsis lanceolata* L.

科　属： 菊科金鸡菊属

花果期： 6—10 月

物语： 匙叶绿，舌花黄，万里迢迢涉重洋。不肯移情另择婿，只为荒原着丽装。闲来戏逗小小虫，且消浓浓愁思乡。

多年生宿根草本，疏生长毛。茎具细纵棱，被疏短毛，少分枝或自基部分枝。基部叶常簇生，匙形或倒披针形，全缘，顶端稍钝，具细长柄；茎生叶对生，近无柄；叶片全缘，或3—5 裂或羽状分裂，裂片倒披针形，顶端圆钝，基部狭窄。头状花序单生枝端，具长梗；总苞半球形；外层总苞片与内层几等长，椭圆状披针形，内层总苞片边缘略带白色；舌状花桔黄色，顶端具不规则 4—5 齿；管状花黄色，顶端具 5 齿。瘦果椭圆形，扁平，边缘具狭翅，深褐色，无冠毛。

生于路旁、荒野、沟坡等地。安徽多地有栽培。

植株可作药用，可治肠炎、痢疾。花可提取黄色色素。也可供观赏。

马 兰

拉丁名： *Kalimeris indica* (L.)Sch.-Bip

科 属： 菊科马兰属

别 名： 马兰头

花果期： 6—10 月

多年生草本，高 30 厘米—70 厘米。茎基部常紫红色，光滑，上部多分枝，具短毛。叶互生，叶形多变，各类披针形，质薄，基生叶花期枯萎；中部叶片长 4 厘米—9 厘米，宽 1 厘米—2.5 厘米，顶端钝或急尖，基部渐狭，近无柄，边缘具 2—4 对细齿或粗齿，上面被毛；上部叶渐小，全缘。头状花序直径 2 厘米—2.5 厘米，单生枝端，排成疏伞房状；总苞半球形，直径 7 毫米—9 毫米；总苞片 2—3 层，倒卵状矩圆形；花序托圆锥形；舌状花 1 层，淡紫色，长约 1 厘米；管状花多数，黄色，长约 3.5 毫米。瘦果倒卵状矩圆形，极扁，长约 2 毫米，褐色，被短毛及腺点；冠毛长约 0.3 毫米，不等长，易脱落。

生于田边、路旁及河沟边。产安徽各地。

全草入药，治消化不良、感冒咳嗽、除湿利尿、痈疮肿毒、肠炎、痢疾、外感风热、肝炎、胆囊炎及中耳炎等症。嫩茎叶可食。

物语：“一二三四五六七，马兰花开二十一，二五六，二五七，二八二九三十一。”提起马兰，耳边总会响起这首脆生生的童谣，眼前也总会浮现女孩子们踩着这儿歌的节奏欢快地跳皮筋的场景。难忘的记忆里，自然也少不了春日餐桌上马兰头的清香。

野　菊

拉丁名：*Dendranthema indicum* (L.) Des Moul.

科　属：菊科菊属

花果期：6—11 月

物语：野菊的清香和不畏秋霜的个性最值得称颂。它虽然花型微小，色泽单一，无法与人工栽培的任何一款菊花比美斗艳，却最能体现菊之淡然本色，也最惹人生出“行逢野菊戴花归”的兴致。

多年生草本，高 30 厘米—100 厘米。茎多分枝。基生叶花期脱落。中部叶卵形、长卵形或椭圆状卵形，长 3 厘米—7 厘米，宽 2 厘米—4 厘米，掌状半裂、浅裂或分裂不明显，而边缘有浅锯齿。基部截形或稍心形或宽楔形，叶柄长 1 厘米—2 厘米，两面淡绿色。头状花序直径 1.5 厘米—2.5 厘米，排成疏松的伞房圆锥花序。总苞片约 5 层，背面被柔毛；舌状花黄色，顶端全缘或 2—3 齿。瘦果长 1.5 毫米—2 毫米。

生于山坡草地、灌丛、河边水湿地、田边及路旁。广布安徽各地。

野菊的叶、花及全草入药，味苦、辛、凉，清热解毒，疏风散热，散瘀，明目，降血压，可预防流行性感冒、感冒，治疗痢疾、痈疖疔疮都有明显效果。野菊花的浸液对杀灭孑孓及蝇蛆也非常有效。

旋覆花

拉丁名： *Inula japonica* Thunb.

科　属： 菊科旋覆花属

花果期： 6—11月

多年生草本，高30厘米—70厘米。茎直立，上部分枝，被伏长柔毛。叶互生，基部叶花期枯萎；中部叶狭椭圆形或椭圆状披针形，长5厘米—10厘米，宽1厘米—3厘米；无柄。头冠花序直径2.5厘米—3厘米，数枚，排成疏伞房状；总苞半球形，直径约1.5厘米；总苞片约5层，线状披针形，长7毫米—8毫米；舌状花1层，黄色，舌片线形，长约1厘米，顶端具3小齿；管状花黄色，长约5毫米。瘦果圆柱形，长约1毫米；冠毛1层，白色，长约5毫米。

生于路边、旷地、田埂、河畔。产安徽各地。

花入药，可治感冒咳喘、祛痰下气、风湿痹痛、痈疮肿毒等症。

物语：旋覆花常被人误识为野菊，其实它们同科异属，叶形差别很大，药用也各不相同。清人赵瑾叔曾在其《本草诗》中对它大加称赏："旋覆花开洵足珍，别名金沸草称神。"

飞 蓬

拉丁名：*Conyza canadensis*(L.)Cronq.

科 属：菊科白酒草属

别 名：小蓬草、加拿大飞蓬

花果期：6—10 月

一年生草本。高 30 厘米—100 厘米，有细条纹及脱落性粗糙毛，上部多分枝。叶互生，披针形、倒披针形或条形，顶端渐尖，基部渐狭成柄；中上部叶渐小，条状线形，近无柄。头状花序小而多，排成圆锥或伞房状花序，有短梗。总苞半球形，苞片条状披针形，淡绿色，边缘膜质；缘花舌状，雌性，白色或微带紫红色，舌片短小，线形，盘花管状，两性，淡黄色。瘦果披针形，扁压；冠毛污白色，刚毛状。

生于河滩、沟谷、路旁、旷野。产于安徽各地。

全草入药，消炎止血，利水祛湿，可治肝炎、水肿、血尿、胆囊炎、肠炎、痢疾。幼株可作猪饲料。

物语：飞蓬因上部分枝众多，深秋干枯后，极易折断而随风飘飞，所以古人常以“秋蓬”比喻漂泊不定。随风翻转的蓬草，其乱无比，《诗经·伯兮》正是使用了这个意象，生动真切地刻画了一位妇女对远征夫君的深情思念：“自伯之东，首如飞蓬。岂无膏沐，谁适为容。”自丈夫出征后，她时刻挂念着丈夫的生死安危，以至于无心妆扮，发乱如蓬。

野塘蒿

拉丁名： *Conyza bonariensis* (L.) Cronq.

科　属： 菊科白酒草属

别　名： 香丝草

花果期： 6—9 月

物语： 野塘一壶香丝酒，直茎半抱绒球花。秋来线果翩翩舞，欲寻他乡作故乡。

一、二年生草本，高 20 厘米—50 厘米。茎直立，灰绿色，中下部多分枝。全株被细柔毛。叶互生，密集，基生叶披针形，有柄，花期枯萎；茎生叶狭披针形或条形，长 3 厘米—7 厘米，宽 3 毫米—10 毫米，顶端尖或稍钝尖，基部渐狭成柄，叶缘有疏齿或全缘，被细柔毛；上部叶线形，全缘，头状花序多数，直径 5 毫米—10 毫米，排成总状圆锥花序，花序梗长 1 厘米—1.5 厘米；总苞壶状，直径约 5 毫米；总苞片 2—3 层，披针形，不等长；雌花多层，白色，细管状，顶端具极短舌片；两性花黄色，与雌花近等长，长约 3 毫米。瘦果线状披针形，长约 1.5 毫米，扁压，被短柔毛；冠毛 1 层，刚毛状，淡红褐色，长约 3.5 毫米。

路边、沟旁、旷野及田边普遍生长。产安徽淮河流域以南地区。

全草入药，消炎止血，可治感冒、疟疾、急性关节炎及外伤出血等症。

一年蓬

拉丁名： *Erigeron annuus* (L.) Pers.

科 属： 菊科飞蓬属

花果期： 5—10月

一、二年生草本，高30厘米—90厘米。茎直立，较粗壮，全体被开展长硬毛及短硬毛。叶互生；基生叶莲座状，卵形或卵形倒披针形，长5厘米—12厘米，宽2厘米—4厘米，叶柄基部常紫红色，两面被倒伏的硬毛，叶缘具粗齿，花期时常枯萎；中上部叶披针形或条状线形，长3厘米—6厘米，宽5毫米—15毫米，边缘有疏齿，被硬毛。头状花序数枚，直径1厘米—1.5厘米，排成伞房或圆锥状花序；总苞半球形，直径6毫米—8毫米；总苞片3层，草质，披针形，长3毫米—5毫米；舌状花2层，长约6毫米，平展，白色或略带蓝紫色；管状花两性，黄色。瘦果披针形，长约2.5毫米，扁压，被疏柔毛；雌花瘦果冠毛1层，极短而连接成环状膜质小冠；两性花瘦果冠毛2层，外层鳞片状，内层糙毛状，长约2毫米，10—15条。

生于水边、旷野、林缘或林下。产安徽各地。

全草入药，可治感冒咳喘、急性肠胃炎及疟疾等症。

物语： 一年蓬原产北美洲，生命力极强，春夏秋3季花开不断。种子随风播散，沃土、瘠地皆可生长。它单花无奇，群聚时则如满天星辰，多彩绚烂。

竹叶菊

拉丁名：*Tripolium vulgare* Ness

科　属：菊科碱菀属

别　名：碱菀

花果期：8—11 月

物语：叶似竹，花如菊，丛丛水边临立。春无言，夏无语，菀菀秋华谁比？茸茸清心织远梦，只待风起。

一年生草本，高 30 厘米—80 厘米。茎直立，光滑，上部多分枝，茎基略带紫红色。互叶生；基部叶长披针形或线性，基部无柄，质厚，全缘，无毛，花期枯萎；中部叶渐短、渐狭。头状花序具异型小花，直径 2 厘米—2.5 厘米，排成伞房花序，具长 5 厘米—10 厘米花序梗；总苞筒状，花后钟状；总苞片 2—3 层，覆瓦状排列，长椭圆形或披针形，质厚、绿色，无毛，边缘膜质，常带红色；花序托平，蜂窝状，窝孔有齿；缘花舌状，1 层，雌性，蓝紫色或浅红色，顶端具 3 齿；盘花多数，管状，两性，黄色，顶端 5 枚不等长裂片。瘦果圆柱体，扁，具厚边肋，两面各有一细肋，被疏毛；冠毛多层，白色或浅红色，微糙毛状，不等长。

生于沟边、沼泽及盐碱地。产淮北等地区。

女　菀

拉丁名： *Turczaninowia fastigiata* (Fisch.) DC.

科　属： 菊科女菀属

花果期： 8—11 月

物语： 女菀之美，在于它的素丽。无论蓓蕾还是花开，总是静如处子，羞涩安分。可是，一旦主茎被折，它会迅速从根部抽出新枝，或者在断枝上萌出新芽，拓展新的生存空间。这种异常坚韧的生命力与它的妩媚娇柔形成极大的反差，再次体现生命的刚柔相济。

多年生草本，高 30 厘米—100 厘米。茎直立，常具细棱，幼嫩部分有细柔毛，上部多分枝。叶互生；基部叶片线状披针形或条形，长 5 厘米—11 厘米，宽 0.5 厘米—1.5 厘米，顶端渐尖，基部渐狭，具短柄，质厚，被微柔毛，粗糙，具微齿或近全缘，边缘稍反卷，基出 3 脉于背面凸起，花期枯萎；中上部叶无柄，条形。头状花序具异型小花，直径 5 毫米—8 毫米，密集成伞房花序，花序梗具多枚钻形苞叶，总苞钟形；总苞片 3 层，外层较内层短，边缘舌状花，1 层，雌性，白色，结实；中央管状花，数枚，两性，黄色，顶端 5 裂，结实或部分不育。瘦果长椭圆形，棕褐色，稍扁，被短毛；冠毛 1 层，污白色或带粉红色，糙毛状。

生于山坡、路旁及田埂等阴湿处。产安徽各地。

全草入药，主治感冒咳喘、肠炎、痢疾、泌尿系统感染等症。

三脉紫菀

拉丁名：*Aster ageratoides* Turcz.

科 属：菊科紫菀属

别 名：野白菊花

花果期：7—11月

多年生直立草本，高40厘米—100厘米。根状茎粗壮。茎上部具分枝，被柔毛，具纵棱。下部叶花期枯落，中部叶椭圆形至披针形，长5厘米—10厘米，宽1.5厘米—5厘米，顶端渐尖，基部宽楔形，纸质，边缘具成对浅锯齿，上面被糙毛，下面被疏毛，常有腺点，离基三出脉，侧脉3—4对，网脉明显，柄长0.5厘米—1厘米；上部叶渐小，无柄。头状花序直径约1.5厘米，排成伞房或圆锥状，花序梗长0.5厘米—3厘米；总苞半球形，直径约5毫米；总苞片3层，草质或干膜质；舌状花白色、浅红色或紫色，舌片长约1厘米；管状花黄色，长约5毫米。瘦果长约2毫米；冠毛污白色或浅红褐色，长3毫米—4毫米。

生于山坡、沟边、林下、林缘。除阜阳地区外，安徽各地均产。

全草可入药，清热解毒，利尿止血。

物语：三脉紫菀的舌状花为白色，所以花开时恰如白菊绽放。当它绵延成片在秋阳下盛开，那种热烈和壮阔令人沉醉。而它不惧风霜、耐得寂寞的生命特性，更让人倾心。

苍　耳

拉丁名：*Xanthium sibiricum* Patrin.

科　属：菊科苍耳属

别　名：抢子

花果期：7—10 月

一年生粗壮草本，全株被糙伏毛，茎多分枝，高可达 1 米。单叶互生，三角状卵形或心形，边缘有不规则锯齿或 3 浅裂，稀全缘，基出 3 脉。雄头状花序近球形，直径约 5 毫米；总苞片椭圆状披针形，长 1 毫米—1.5 毫米；花序托柱状，托片倒披针形，长约 2 毫米；雄花多数，花冠钟形；雌头状花序椭圆形；外层总苞片小，披针形；内层总苞片 2 枚，结合成 2 室的壶状体，外面密生先端钩状的总苞刺，苞刺粗糙，具腺点，壶状体先端具 2 枚坚硬喙，较苞刺粗壮。瘦果 2 枚，长椭圆形，黑色，光滑，边缘具 2 条狭棱翘，包藏于壶状总苞内。

生于山坡、河畔及荒地。产安徽各地。

果实入药，可治麻疯。种子可治鼻炎、鼻窦炎、头痛、风湿痹痛、感冒咳喘、肠炎、痢疾等症。嫩茎叶捣烂后涂敷，可治疥癣、虫咬伤等。苍耳子悬浮液可防治蚜虫。

物语：苍耳，让人想起《诗经》里那位“采采卷耳（苍耳），不盈顷筐”的思妇：太挂念远役的丈夫而心神不宁，总也采不满自己的野菜筐。这种思念的神伤被写到了极致。

天名精

拉丁名：*Carpesium abrotanoides* L.

科　属：菊科天名精属

别　名：蛤蟆皮

花果期：7—10 月

多年生粗壮草本，高 40 厘米—80 厘米。茎直立，光滑，上部被短柔毛。基部叶宽椭圆形或矩圆形，长 7 厘米—20 厘米，宽 5 厘米—8 厘米，顶端急尖或钝尖，基部宽楔形沿柄下延，边缘具不规则的牙齿或波状全缘，上面皱缩不平，有贴伏短毛，下面网状脉凸起，具短柔毛和腺点；叶柄长 0.5 厘米—4.5 厘米；中上部叶渐小，柄渐短直至无柄。头状花序多数，单生于茎枝一侧叶腋，近无柄，直经 6 毫米—10 毫米，偶具 1—2 枚小苞叶；总苞钟状球形；总苞片 3 层，外层卵圆形，草质，背部被柔毛。内层长圆形，膜质，外围雌花丝状，长约 2 毫米；中央两性花筒状，长约 2.5 毫米。瘦果圆柱形，长约 3.5 毫米，具细纹，顶端有短喙。

生于河塘边、旷野、山坡及路旁。广布安徽各地。

全草入药，清热解毒，收敛生肌，可治感冒咳喘、痈疮肿毒、肠炎、痢疾；全草水浸液可作土农药，杀青菜虫及地老虎等。

物语： 小小一朵菊，总也打不开。丛丛一片绿，满身皱褶在。牛羊不肯食，味苦气难耐。草贱用途广，岂可以貌待？

矮　蒿

拉丁名：*Artemisia lancea* Van.

科　属：菊科蒿属

别　名：野艾蒿、牛尾蒿

花果期：8—11 月

多年生直立草本。高 40 厘米—120 厘米，具粗壮地下茎。茎上部多分枝，常带紫红色，被微毛。基部叶花期枯萎；中部叶卵形，长 3 厘米—4 厘米，宽 3 厘米，一回羽状全列，裂片 3—7 枚，条状披针形，顶端尖，边缘稍反卷，背面具灰白色茸毛，无柄；上部叶渐小，3 裂或不裂，条形。头状花序排成紧密的圆锥花序；花苞矩圆形，长 2 毫米，宽 1 毫米；总苞片长卵形，边缘膜质；花红色，缘花雌性，盘花两性，均结实。瘦果矩圆形，长 0.7 毫米—0.8 毫米。

生于林缘、河沟旁及路边。产安徽各地。

有散寒、温经、止血、安胎、清热、祛湿、消炎、驱虫之功效。

物语：矮蒿常被民间当作家艾的代用品，含挥发油，具特有的清香。它的生命力强，生态幅宽，是我国 186 种蒿家族里的习见品种。

黄花蒿

拉丁名：*Artemisia annua L.*

科　属：菊科蒿属

别　名：黄蒿

花果期：7—10 月

物语：2011 年 9 月，中国中医研究院 80 岁高龄的首席女研究员屠呦呦荣获美国拉斯克生物医学奖，使黄花蒿备受世人瞩目。它的有效成分青蒿素具有抗疟、抗癌之效。

一年生直立草本，高 60 厘米—150 厘米，具奇臭味。茎多分枝，具纵棱，无毛。基部叶花期枯萎；中部叶片长 4 厘米—10 厘米，宽 2 厘米—5 厘米，2—3 回羽状深裂，小裂片短而细，表面深绿色，背面浅绿色，叶柄基部宽大，半抱茎；上部叶渐小，近无柄。头状花序小而密，直径约为 2 毫米，排成大型带叶的圆锥花序；总苞球形，浅黄色；总苞片 2—3 层，卵形至狭椭圆形，草质，边缘膜质；花序托花后延长凸出；缘花雌性，盘花两性，均结实。瘦果矩圆形，长约 0.7 毫米，无毛，深褐色。

生于河滩、沟边、山坡及旷野。产安徽各地。

全草入药，有清热、解暑、凉血、截疟、利尿功效。

鼠麹草

拉丁名： *Gnaphalium affine* D. Don

科　属： 菊科鼠麹草属

花果期： 3—8 月

物语： 鼠麹（qū）草，团团簇簇的黄色小花灿如金珠，叶茎则像薄施银粉，花叶相映成趣。周作人《故乡的野菜》里那馋人的黄花麦果糕，正是用它加工而成。

二年生草本，高 10 厘米—30 厘米。茎自基部多分枝，簇生状，密被白色绵毛。叶互生，节间自基部向上渐长；基生叶花期枯萎；中部叶匙形，长 4 厘米—6 厘米，宽 1 厘米—1.5 厘米，全缘，两面被白色绵毛；上部叶稀疏，渐小。头状花序多数，在茎端排成密伞房状；总苞钟形，直径约 3 毫米；总苞片 3 层，金黄色或柠檬黄色；花黄色或浅黄色，花冠长 2 毫米—3 毫米。瘦果倒卵形，长约 0.5 毫米；冠毛污白色，长 1.5 毫米。

生于田边、沟坡、旷野、湖滩。产安徽多地。

全草入药，止咳化痰，清热消炎，可治肠炎、痢疾、风湿痹痛、痈疮肿毒、气管炎及高血压等症。

千里光

拉丁名： *Senecio scandens* Buch. Ham. ex D.Don

科 属： 菊科千里光属

别 名： 九里明

花果期： 8—11 月

物语： 又是千里光，又是九里明，可见其明目功效。《本草纲目拾遗》曾记一俗谚，“有人识得千里光，全家一世不生疮”，更体现了它的外科圣药地位。

多年生草本，根状茎常木质化。茎曲折而多分枝，匍匐状攀援，长 2 米—5 米。具细条棱，幼时被短柔毛，老茎脱毛至光滑。叶形多变异，常为卵状披针形至长三角形，长 3 厘米—9 厘米，宽 2 厘米—4 厘米，有时叶下有 2—4 对矩圆形裂片，或边缘具波齿状；叶柄长 3 毫米—10 毫米。头状花序多数，排成复伞房状或圆锥状花序，具条形苞叶；总苞杯状，长约 8 毫米，直径约 5 毫米，总苞片 12—14 枚，线状披针形，略呈红色；管状花多数，舌状花约 8 枚，具黄色。瘦果圆柱形，长 2 毫米—3 毫米，有沟纹，被短毛，冠毛白色或污白色，长约 7 毫米。

生于山坡、沟边、林下及路旁。产安徽淮河流域及其以南地区。

全草入药，有清热解毒、杀虫止痒、清肝明目之功效。

蒲儿根

拉丁名：*Sinosenecio oldhamianus* (Maxim.) B.

科 属：菊科蒲儿根属

花果期：4—7 月

1—2 年生草本，高 20 厘米—80 厘米。茎直立，下部被白色柔毛。叶互生；质薄，心状圆形、宽卵状心形至卵状三角形，边缘具不整齐的三角状牙齿，叶脉掌状，表面近光滑，背部有白色棉毛。头状花序多数，在茎端排成复伞房状，花序梗细长，常被短柔毛，有时具线状的苞叶；总苞钟形，总苞片 13 枚，线状披针形，长约 3 毫米，边缘膜质；花黄色；舌状花约 13 枚，常具 4 脉，顶端有 3 细齿；管状花多数。瘦果倒卵状圆柱形，冠毛白色。

生于路边、旷地、沟边、山坡及疏林下。皖南各地多见。

以全草入药，清热解毒，有小毒。

物语：皖南的春天，若少了蒲儿根的装点则会逊色太多。开车穿行在四五月的山间公路，起起伏伏的河谷、山涧、路旁、崖边，不时会闪现蒲儿根满眼的金黄，满地的壮阔。连绵广袤的蒲儿根那摄人心扉的明黄与绿色的山野交相辉映，使人如入仙境。

大吴风草

拉丁名：*Farfugium japonicum* (L.) Kitam.

科　属：菊科大吴风草属

别　名：八角乌、活血莲

花果期：8—11 月

多年生草本，高可达 70 厘米。根状茎粗壮。茎似花葶，被淡黄色柔毛。叶基生，有长柄，基部鞘状抱茎；叶片肾形，长 9 厘米—15 厘米，宽 11 厘米—30 厘米，边缘有小齿；花葶状茎上的叶 1—3 枚，苞叶状，小，呈长椭圆状披针形，无柄。头状花序排成伞房状；总苞钟形，基部有小苞片，总苞片 2 层，等长，长圆形；花序托浅蜂窝状；缘花舌状，雄性，黄色，舌片长圆形或匙状长圆形；盘花管状，两性，黄色。瘦果圆柱形，长可达 7 毫米，有纵肋，被短毛；冠毛棕褐色，长 8 毫米—11 毫米。

生于林下、山谷、草丛，湿地公园也有栽培，供观赏。分布沿江等地。

根入药，主治咳嗽、便血、消肿散结。叶含挥发油，可用于杀虫灭菌。

物语：大吴风草，几乎全年都有观赏价值。早春的肾形翠叶、盛夏的满地铺绿、晚秋的亮丽黄花、冬日的绒球果实，使它成为常见的地被景观。

野茼蒿

拉丁名： *Gynura crepidioides* Benth.

科　属： 菊科三七属

别　名： 革命草

花果期： 9—11 月

物语： 开花时，像是羞涩不语的新娘，总爱低垂着朱红色的花朵；结果时，冠毛密白，勇敢地孕育着飞翔的梦想。它是清香的消暑野菜，也是战争时期的充饥粮。

一年生草本。茎直立，高 50 厘米—120 厘米，具纵条纹，光滑，上部常多分枝。叶质薄，互生，长圆状椭圆形，长 5 厘米—12 厘米，宽 2 厘米—5 厘米，先端渐尖，基部楔形，边缘具不规则的锐锯齿或基部羽状分裂，具 1—3 枚裂片，两面近无毛；叶柄长 1 厘米—2.5 厘米。头状花序多数，排成圆锥状聚伞花序；总苞圆柱形，长 1 厘米，宽 5 毫米—6 毫米；总苞片 2 层，等长，线状披针形，长 1 厘米，宽约 1 毫米，边缘白色狭膜质，顶端有短簇毛，果期开展反折，基部有数枚褐色的小苞片；花序托平，具窝孔；全为两性管状花，朱红色，顶端 5 裂。瘦果狭圆柱形，朱红色，长约 2 毫米，有纵肋，被毛；冠毛白色，丰富，略长于总苞片。

生于山坡、沟边等地。产沿江流域。

茎叶可作蔬菜，也可作绿肥。

泥胡菜

拉丁名：*Hemistepta lyrata* Bge.

科　属：菊科泥胡菜属

花果期：4—7月

物语：清明时节，泥胡菜的莲座状叶子已经长成，既可观赏，又可食用。江浙一带的人们，常喜欢用它和艾蒿、鼠麹草做成特有的清明小吃——青团。

直立草本。茎高30厘米—100厘米，具纵条纹，被稀疏蛛丝毛。叶互生，基生叶莲座状，具柄，倒披针形或倒披针状椭圆形，长7厘米—21厘米，大头羽状深裂或几全裂，先端裂片较大，卵状菱形或宽三角形，侧裂片7—8对，长圆状倒披针形，表面绿色无毛，背面灰白色，密被白色绒毛；中部叶无柄，椭圆形，羽状分裂，先端渐尖；上部叶狭小，无柄，线状披针形，近全缘或浅裂。头状花序具长花序梗，排成疏松伞房花序；总苞倒圆锥状钟形；总苞片多层，覆瓦状排列，外层及中层的卵形，背面近顶端有鸡冠状附属物，紫红色或绿色；内层苞片线状披针形，顶端紫红色，鸡冠状附属物渐不明显或缺；花冠细管状，紫红色，长1.4厘米，檐部长3毫米，先端5裂片线性。瘦果圆柱形，长2.2毫米，具15条细纵棱；冠毛白色，2层，异型，羽毛状，长约1厘米。

生于路边、荒地、田野、河边等处。产安徽南北多地。

全草入药，清热解毒，消肿祛瘀。

蓟

拉丁名： *Cirsium japonicum* DC.

科　属： 菊科蓟属

别　名： 大蓟、地萝卜

花果期： 5—7 月

多年生草本。具多数纺锤状肉质块根。茎高可达 150 厘米，有分枝，具纵棱，被灰黄色透明长毛。叶互生，长倒卵形至倒披针形，叶片羽状深裂或近全裂，裂片边缘有多数由侧脉延伸而成的长针刺；基生叶较大，有柄；中部叶无柄，基部抱茎；上部叶渐小，无柄。头状花序单生于茎端，或多枚排成总状花序；总苞球形；总苞片 6—7 层，披针形，外层较内层短，先端具短刺，内层无刺；小花红紫色，花冠细管状，先端具 5 枚线形裂片。瘦果长椭圆形，稍扁，表面具细条棱；冠毛羽毛状。

生于山坡、林缘、沟边、田间或路旁。产安徽各地。

根、叶入药，治热性出血；叶治淤血；外用治恶疮。

物语： 蓟（jì），总是高高地挺立在郊野，威武地举着羽裂叶片上的根根刺针，谁也不敢近前造次。它的根系发达且成块茎状，广西一带常形象地称之为“地萝卜”。它生命力旺盛，自我修复能力很强，根部的每一个创伤断面都可以萌出新芽。

刺儿菜

拉丁名：*Cirsium setosum* (Willd.)MB.

科 属：菊科蓟属

别 名：小蓟、刺刺芽

花果期：5—8月

多年生草本，高30厘米—100厘米。茎直立，根状茎细长，少分枝。叶互生，基生叶花期枯萎，茎生叶长椭圆状披针形或椭圆形，长6厘米—12厘米，宽1.5厘米—4厘米，顶端钝尖，基部窄缩或钝圆，全缘或有疏锯齿，齿端具刺，两面疏被白色蛛丝状毛；无柄。头状花序单生枝端，具长花序梗，雄株头状花序较小，雌株较大；总苞长约23毫米；总苞片多层，外层较短，长圆状披针形，内层较长，线状披针形，被白色蛛丝状毛；花序托平，具刺毛；小花紫红色，雄花花冠长17毫米—20毫米，雌花花冠长达26毫米。瘦果椭圆形或长卵形，稍扁平，光滑；冠毛羽状，先端稍粗而弯曲。

生于沟塘湖畔、荒地、路旁、山坡。产安徽多地。

全草入药，具凉血、行瘀、止血功效；根状茎可外用治痈疖疮疡。嫩茎叶可作猪饲料。

物语：蓟和刺儿菜是一对刺儿头，有大小蓟之称，不过后者要温柔得多。春天刚出苗的刺儿菜，是野蔬佳品，凉拌、蒸团子都是美味。它在野地里成片盛开时也很动人，那淡紫色的小花儿别有一番风采。

黄鹌菜

拉丁名：*Youngia japonica* (L.) DC.

科 属：菊科黄鹌菜属

花果期：4—9 月

一年生草本。茎直立，由基部抽出一至数分枝。高 20 厘米—60 厘米，被柔毛或上部脱净。基生叶丛生，常为倒披针形，羽状分裂，顶裂片椭圆形至长椭圆形，侧生裂片向叶柄处渐小，边缘为深波状齿裂，无毛或被柔毛；茎生叶稀疏至无叶，有时退化成鳞片状。头状花序小，含舌状小花 14—17 个，排成伞房花序，梗纤细，长达 1 厘米；总苞圆柱形，总苞片 2 层，外层 5 枚，三角形或卵形，内层约 8 枚，披针形或线形，背面基部中脉上常有尖刺状的龙骨突起；花黄色，舌片常有紫色纵纹，管部具细短柔毛。瘦果纺锤形，棕褐色，背腹稍扁，有显著冠毛盘，有 11—13 条纵肋；冠毛白色，细软。

生于山坡、路旁、沟边、荒野。产安徽各地。

嫩叶可食用，也作饲料。

物语：黄鹌菜既是《救荒本草》中的救命粮，也是春天的时令美味。它具有特殊的清香气，嫩苗、茎叶甚至花蕾，均可入菜。

多头苦荬菜

拉丁名：*Ixeris polycephala* Cass.

科 属：菊科苦荬菜属

花果期：3—6月

物语：苦荬（mǎi）菜属在我国有20余种，多头苦荬菜只是其中之一。春天花开时它金黄一片，总是引得蜂鸣蝶舞。

二年生具乳汁草本。茎自基部多分枝，细弱，光滑无毛。基部叶披针形，全缘稀羽状分裂，先端渐尖，基部沿短柄楔形下延；茎生叶无柄，宽披针形或披针形，基部箭形抱茎，全缘。头状花序多数，排成伞房状或伞形，具纤细的总花序梗；总苞花期钟形，果期成杯状，长6毫米—8毫米，宽4毫米—6毫米；外层总苞片5枚，极小，卵状三角形，内层总苞片8枚，条状披针形，具白色狭膜质边缘；舌状花黄色，舌片长约5毫米。蒴果成熟时黄棕色，椭圆形，具10条锐棱，翼状；冠毛白色。

生于路旁、沟边、田埂、荒地。安徽多地有分布。

全草药用，具去腐化脓、止血生肌之功效，可治疔疮、无名肿毒、子宫出血等症。

花叶滇苦菜

拉丁名：*Sonchus asper* (L.)Hill., Herbar.

科　属：菊科苦苣菜属

别　名：续断菊

花果期：5—10月

一年生草本。具褐色的纺锤状根。茎高达50厘米，上部常被头状腺毛。下部叶长椭圆形或倒卵形，先端渐尖，基部下延成翅状柄，边缘不规则羽状分裂或具不等长的刺状尖齿；茎中上部叶无柄，狭长椭圆形，不裂至羽状分裂，边缘密生长而硬的刺状尖齿，基部扩大，呈圆耳状抱茎。头状花序紧密排列成伞房状，花序梗常被腺毛；总苞钟状，长8毫米—13毫米，宽8毫米—11毫米，总苞片草质，深绿色，先端钝，边缘膜质；舌状花多数，长9毫米—11毫米，舌片长3毫米—4毫米。瘦果倒卵形，淡褐色，长约2.5毫米，较扁平，边缘宽，两面具3条明显的纵肋，但肋间无横纹；冠毛白色，长约6.5毫米。

生于路边、荒地、沟旁等处。广布安徽各地。

全草入药，具清热解毒、凉血消炎功效。汁液可作农药，防治蚜虫。

物语：虽和苦苣菜同科同属，也被列为苦命花，续断菊却不肯认命，它硬气十足，带刺的叶子翻卷着，一副凌然不可侵犯的模样。

苦苣菜

拉丁名： *Sonchus oleraceus* L.

科 属： 菊科苦苣菜属

别 名： 苦菜、苦苣

花果期： 4—11 月

一、二年生草本，具白色乳汁。根圆锥状。茎直立，高达 1 米，肉质中空，下部光滑，上部常具紫红色头状腺毛，具棱条。叶质厚嫩，光滑，叶柄具翅，长 4 厘米—7 厘米；下部叶长椭圆状宽倒披针形或长椭圆状宽披针形，长 19 厘米—31 厘米，宽 5 厘米—10 厘米，羽状深裂至全裂，顶生裂片大，三角形或偏心形，侧生裂片三角形或卵形，歪斜，先端渐尖，基部稍抱茎，边缘具刺状小尖齿；上部叶无柄。头状花序排成伞房状聚伞花序，直径约 2 厘米，梗长 2 厘米—4 厘米，具腺毛；总苞钟形；总苞片 2—3 层，向内层渐长，绿色草质，被白色腺毛，外层的披针形，内层的条形，先端圆钝，边缘狭膜质；花黄色。瘦果倒卵圆形，扁平，两面各具 3 条纵肋，肋间具横纵纹和细齿；冠毛白色。

生于路旁、荒野、河畔等处。产安徽各地。

全草入药，具清热解毒、降低血压之功效。叶可作为饲养幼鹅的饲料。

物语： 比起苦荬菜属的植物来，苦苣（qǔ）菜确实有点儿巨大，它不仅高可达 1 米以上，头状花序中的舌状花数量也异常之多。晚秋时节，丰富的冠毛，则让它变成了一个可爱的白头翁。

蒲公英

拉丁名：*Taraxacum mongolicum* Hand. Mazz.

别　名：黄花地丁

科　属：菊科蒲公英属

花果期：4—10 月

多年生草本，具白色乳汁，高 15 厘米—30 厘米。根粗直。叶莲座状簇生；倒披针形或长椭圆形。长 5 厘米—18 厘米，宽 1 厘米—5 厘米，大头羽裂或羽状深裂，裂片倒向，常 4—5 对，三角形或卵形，背面叶脉常紫红色。花葶 1 枚或数枚，基部紫红色，被蛛丝状白毛；头状花序直径约 3 厘米。总苞淡绿色，先端紫红色；舌状花黄色，偶见白色或浅粉色。瘦果黄褐色或褐色，长约 5 毫米，中上部具刺状瘤，喙长 1 厘米—1.3 厘米；冠毛污黄色，长约 5 毫米。花果期春季和秋季。

生于路旁、旷地、沟塘河畔。产安徽各地。

全草药用，具消炎、清热、解毒、退肿功效。

物语：蒲公英的种子很神奇，它自备着降落伞，一心一意地做着飞翔的梦。即使被过路的人吹落今世的梦想，它也绝不气馁：大不了就地再生，心存梦想的种子，还怕美梦不能成真？

多裂翅果菊

拉丁名： *Pterocypsela laciniata* (Houtt.) Shih

科　属： 菊科翅果菊属

花果期： 7—10 月

多年生草本，根粗壮，具白色乳汁，高 1 米—2 米。茎单一，光滑，常紫红色。叶开展或下倾，基生叶花期枯萎；中部叶椭圆形或椭圆状条形，长 10 厘米—20 厘米，宽 5 厘米—10 厘米，不规则二回羽裂或倒向羽状分裂，裂片大小不等，具齿，叶轴具翅，主脉在背面凸起，粗壮；无柄。头状花序在茎端排成圆锥花序，常具梗；总苞椭圆形；总苞片 3 层，外层三角状卵形，长 2 毫米，内层卵状披针形，长 5 毫米—7 毫米；小花淡黄色，舌片顶端具 5 齿。瘦果扁，喙短，每面具 1 条脉纹；冠毛白色。

生于山坡、草丛及沟塘边。产安徽各地。

物语： 多裂翅果菊的植株高大，盛花时节，它是野外沟塘边的胜景，连羽裂叶片也别具韵味，自然也是昆虫嬉戏的大舞台。它的花果颇似同科不同属的莴苣，所以每在野外相见，总在欢喜之外又多出一份亲切。

弯喙慈菇

拉丁名： *Sagittaria latifolia* Wild.

科　属： 泽泻科慈菇属

别　名： 野慈菇

花果期： 6—9月

多年生沼泽草本，具地下球茎。茎高达1米，直立。叶形和大小变化很大，通常箭形，或退化至线形，长5厘米—40厘米，宽4厘米—26厘米，侧裂片与顶裂片几乎等长。花序圆锥状或总状，通常雌花在上，雄花在下，有时夹有两性花于其中；苞片披针形，花萼三角形；花瓣白色，雄蕊多数；心皮多数，密集成球形。瘦果倒卵形，扁平，长2.5厘米—3.5厘米，边缘有翅，顶端一侧向外弯成喙，喙长1毫米—2毫米。

生于沼泽或湖泊边缘浅水处。产沿江等地。

地下球茎可食用或酿酒。地上部分可作饲料。

物语： 慈菇全属约30种，我国已知9种。《本草纲目·果部》释名慈菇时有言："根岁生十二子，如慈姑之乳诸子，故以名之。"而弯喙（huì）慈菇则因瘦果边缘的翅生弯喙得名。炎炎烈日之下，你只要看到弯喙慈菇那串串素白的小花，一定能顿生凉意。

华夏慈菇

拉丁名：*Sagittaria trifolia* L. var. *sinensis* (Sims.) Makino

科　属：泽泻科慈菇属

别　名：慈菇

花果期：6—10 月

多年生沼泽草本，高可达 1 米。有纤匐枝，先端有小球茎。叶形变异很大，通常为三角状箭形，顶端钝或短尖，基部裂片向两侧展开，叶柄长 20 厘米—40 厘米。总状花序顶生，少为圆锥花序；单性花，下部为雌花，具短梗，上部为雄花，梗细长；苞片披针形，钝头或尖头，基部略连合，花瓣白色，基部常带紫色，较萼片大，雄蕊多数，花丝线形，花药卵形，带深紫色；心皮多数，密集成球状。瘦果倒卵形，扁平，边缘有狭翅。

生于浅水沟、溪边或水田中。沿江地区普遍栽培，间或有野生。

地下球茎可食用或酿酒。地上部分可作饲料。药用，有清热解毒之效。

物语：江浙一带有过年吃慈菇的传统民俗，除夕夜祭祖也少不了它，因为带蒂慈菇的模样，既像如意，又象征男丁兴旺。广州旧俗中，女子回娘家拜年，也会收到娘家赠送的象征再添新丁的慈菇。至于这礼品慈菇的品种则不得而知了，或许华夏慈菇最堪此大任。

矮慈菇

拉丁名： *Sagittaria pygmaea* Miq.

科　属： 泽泻科慈菇属

花果期： 5—10 月

一年生沼泽草本。基生叶条形，稀披针形，长4厘米—20厘米，宽约1厘米，光滑，先端渐尖稍钝，基部鞘状，通常具横脉。花葶高5厘米—20厘米，直立，花单性；苞片长椭圆形，宿存；花瓣3，白色；雌花1朵，无柄，心皮多数，集成球状；雄花2—3朵，具梗，雄蕊多数，花药长椭圆形，花丝扁宽。瘦果扁平，阔卵形，具翅，翅缘具齿。

生于沼泽、水田、沟溪浅水处。产于淮河、长江流域。

全草可作绿肥，饲料；可入药，有清热、解毒、利尿等作用；也是稻田杂草。

物语： 矮慈菇不仅个头小，条形叶片也与其他慈菇大不相同。它虽然花开妩媚，却是水田的常见杂草，严重时还会影响水稻的后期生长。不过长对了地方，它大约也可生出故人“野水茨菰（cí gū）花，西湾春复老”的意境，有较高的观赏价值。

泽 泻

拉丁名： *Alisma plantagoaquatica* L. var. *orientale* Sam.

科 属： 泽泻科泽泻属

别 名： 东方泽泻

花果期： 6—10 月

物语： 《诗经·汾沮洳（rú）》篇，曾以泽泻（即藚，音 xù）起兴，歌颂了一女子的满腔痴情。在李时珍眼里，泽泻是让人“身轻面光”的妙药。《楚辞》却视其为恶草。

多年生沼生草本。块茎大。沉水叶条形或披针形；挺水叶宽披针形、椭圆形至卵形，先端渐尖，基部宽楔形、浅心形，叶脉通常 5 条，边缘膜质。花序具 3—8 个分枝。花两性，外轮花被片广卵形，通常具 7 脉，边缘膜质，内轮花被片近圆形，远大于外轮，边缘具不规则粗齿，白色，粉色或浅紫色；心皮 17—23 枚，花柱直立，长于心皮，柱头短；花丝短，花药椭圆形，黄色，或淡绿色；花托平凹，近圆形。瘦果椭圆形，背部具 1—2 条不明显浅沟，下部平，果喙自腹侧伸出，喙基部凸起，膜质。种子紫褐色，具凸起。

生于沼泽、湖泊、水塘的浅水带。沿淮与沿江一带有栽培。

球茎可药用，有利尿、渗湿清热功效。也可用于观赏。

黑　藻

拉丁名： *Hydrilla verticillata* (Linn. f.) Royle

科　属： 水鳖科黑藻属

别　名： 灯笼草

花果期： 6—9 月

物语： 沙石沉底碧水清，摇摇水草自在行。懒闻人世啾啾语，静卧野塘听蝉鸣。

多年生沉水草本。茎伸长，有分枝，节间长 1 厘米—3 厘米。叶无柄，线状披针形；叶长 1 厘米—1.5 厘米，宽 2 毫米；叶缘具小锯齿，先端短尖，具一中脉。单性花，雌雄异株；雄花具短梗，单生于叶缘，包于球形的佛焰苞内；萼片 3，绿色，卵形；花瓣 3，白色，长圆形；雄蕊 3，花药大，肾形，成熟后雄花脱离母体，而漂浮于水面，散布花粉；雌花无梗，单生于叶腋，包于 2 裂的管状佛焰苞内，子房细长线状，成熟后突出佛焰苞外，浮于水面，花淡紫色；子房 1 室，柱头 3 裂，流苏状。果实线形，长 1.5 厘米—2 厘米，平滑或有疣状突起；种子 2—3 枚，短圆柱形，两端有尖刺。

生于静水池塘、湖沼、水沟河道。分布于沿江、淮河流域各地。

全草可作鱼、鸭、猪的饲料，也作绿肥。

罗氏轮叶黑藻（变种）

拉丁名： *Hydrilla verticillata* (Linn. f.) Royle var.*roxburghii* Casp.

科　属： 水鳖科苦草属

别　名： 蜈蚣草

花果期： 5—10 月

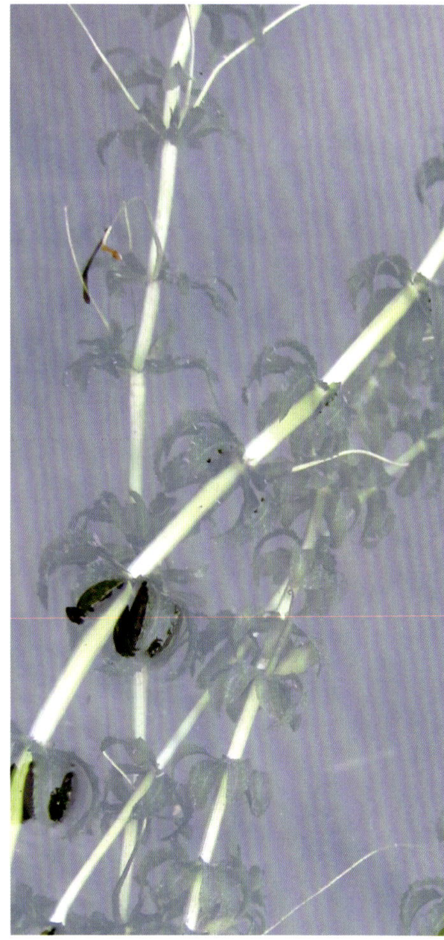

单子叶多年生沉水植物。茎直立细长，长 50 厘米—80 厘米，茎脆弱易断。叶带状披针形，3—8 片轮生，通常以 4—6 片为多，长 7.5 毫米—13 毫米，宽 3 毫米—4 毫米。叶缘具小锯齿，叶无柄。轮叶黑藻为雌雄异体，花白色，较小，果实呈三角棒形，果实表面常光滑，无刺状凸起，或偶见 1—3 个小凸起，多为空壳，单室；种子 1—3 枚，多数空瘪无胚，梨形，黑褐色，呈针形，种阜端锐尖，种喙端朝种脊方向弯曲。

本变种与黑藻极相似，主要区别在于：黑藻的休眠芽长卵圆形，芽苞叶狭披针形，边缘锯齿大而明显；而本变种休眠芽长椭圆形，芽苞片为卵圆形，边缘锯齿小而不明显。本变种主要以休眠芽进行无性繁殖。

生于池塘、湖泊和水沟中。沿江流域可见。

物语： 天井湖中绿，晓梦忆荷香。
只待微风起，轮台舞轻扬。

苦　草

拉丁名： *Vallisneria spiralls* L.

科　属： 水鳖科苦草属

别　名： 鞭子草、扁草、亚洲苦草

沉水草本。无直立茎，有纤细匍匐枝，末端有膨大的球块。叶基生，长线形或带状，薄，其长短可视水深浅而定，绿色，半透明，表面有棕褐色条纹和斑点，全缘或顶端有不明显疏细齿。雌雄异株，雄花多数，细小，生于卵圆形、3裂、具短柄的佛焰苞内，开花时伸出苞片外，浮于水面，传粉给雌花；雄花1—3；雌花单生，佛焰苞有长柄，开花时伸出水面，授粉后长柄旋卷入水下结果；无花瓣，有退化雄蕊；子房线形，柱头3；胚珠多数。果长柱形，光滑；种子细小，多数。

生于池塘、河流、湖泊中。产安徽各地。

全草可供药用，又可作鱼、蟹、鸭、猪的饲料，也作绿肥用。

物语： 无茎难立天生苦，却将线叶化成鞭。
长短不肯随人说，自试深浅自得闲。

水　鳖

拉丁名： *Hydrocharis dubia* (Bl.) Backer.

科　属： 水鳖科水鳖属

别　名： 芣菜、马尿花

花果期： 6—8 月

物语：野塘静水舞白蝶，浮萍轻风戏绿叶。
百念不虑万千事，闲来只钓湖中鳖。

多年生浮水草本。具须根。有匍匐茎。叶圆形或肾形，全缘，顶端钝圆，叶基心形，上面深绿色，下面暗紫红色，中部有泡状贮气组织，叶柄长。雌雄异株，雄花 2—3 朵集生于一佛焰苞内，花被 6，2 轮，外轮草质，内轮花瓣白色，雄蕊 6—9 枚，花丝叉状，花药基部着生；雌花单生于佛焰苞内，萼片 3，花瓣 3，白色，宽卵形，6 枚雄蕊退化，子房下位，6 室，花柱 6，线形，柱头深 2 裂。果椭圆形，肉质；种子多数，有刺。

生于水池、河流、湖泊静水处。安徽各地多见。

全草作饲料，亦可作绿肥。幼叶柄可作蔬菜。

眼子菜

拉丁名： *Potamogeton distinctus* A.Benn

科　属： 眼子菜科眼子菜属

别　名： 穿叶眼子菜

花果期： 7—10月

物语： 久闻芳名未得见，桃花源里遇真仙。
清波摇醒媚儿眼，只为楚楚看春天。

多年生水生草本。根状茎匍匐；茎圆柱形，细长，约50厘米。浮水叶互生，矩圆形，长椭圆形或宽披针形，长5厘米—13厘米，宽2厘米—4厘米，先端渐尖，基部近圆形，全缘，叶柄长4厘米—15厘米；沉水叶披针形或条状披针形，其柄较浮水叶为短；托叶膜质，长3厘米—4厘米，早落。穗状花序顶生于叶腋，花序梗长6厘米—8厘米，穗长4厘米—5厘米。花小，黄绿色；花被4，宽倒卵形；雄蕊4；雌蕊4，瓶状。果实背有3条棱脊，棱上有小疣状颗粒。

生于池塘、湖泊、河沟或稻田中。产安徽多地。

全草作鱼、禽、畜饲料，入药有清热利尿功效。

竹叶眼子菜

拉丁名： *Potamogeton malaianus* Miq.

科　属： 眼子菜科眼子菜属

别　名： 马来眼子菜

花果期： 7—10 月

多年生沉水草本。有根状茎；茎细，分枝或不分枝，长 70 厘米—120 厘米，随水深浅而长短不等，最长可达 5 米。叶互生，在花梗下近对生，线状长矩圆形或条状披针形，长 8 厘米—16 厘米，宽 1 厘米—2 厘米，尖端有尖头，基部钝，宽楔形，边缘呈波状褶皱，有不明显的细锯齿，脉 7—9 条或更多，并有密而细的横脉，叶柄长 2 厘米—6 厘米；托叶于叶柄离生，膜质，抱于茎上。穗状花序顶生，花序梗长 4 厘米—7 厘米，穗长 2 厘米—5 厘米；花时挺出水面；花被片 4；雄蕊 4；雌蕊由 4 枚心皮组成。小坚果斜卵形，无柄，果背具 3 条棱，中间一条凸出，喙短。

生于湖泊、池塘中。产安徽淮河流域及以南地区。

全草可作饲料及绿肥。

物语： 惜忆昔日碧流去，困居今朝污水河。
拼力只为自担当，唯睁青眼待青天。

菹　草

拉丁名： *Potamogeton crispus* L.

科　属： 眼子菜科眼子菜属

别　名： 虾藻、虾草

花果期： 6—8 月

多年生沉水草本。根状茎细长；茎多分枝，略扁平，分枝顶端常结芽苞，脱落后长成新植株。叶带形或条状披针形，长 4 厘米—7 厘米，宽 5 毫米—10 毫米，先端钝或尖锐，有细小锯齿，基部近圆形，边缘有浅波状皱褶，脉 3 条，无叶柄；托叶膜质，抱茎，基部与叶合生，上部分离。穗状花序腋生于茎上部，具少数花，花序梗长 2 厘米—5 厘米，穗长 1.2 厘米—2 厘米，疏松少花，开花时伸出水面；花被、雄蕊、子房数均为 4。小坚果斜卵形，有长而粗的喙；果脊有齿。

生于池塘、湖泊、河流等静水处。产沿江各地。

可作饲料或绿肥。

物语： 菹（zū）草分枝极多，有时一根草就能长成水中的一棵树，而自成一片景。在古代，它则是可食之物，贾岛的“松栽侵古影，荤断尚芹菹”就是个明证。

石　蒜

拉丁名：*Lycoris radiate* (L'Her.) Herb.

科　属：石蒜科石蒜属

别　名：蟑螂花、龙爪花

花果期：8—10 月

多年生草本。鳞茎近球形，直径 1 厘米—3 厘米。秋季出叶，叶狭带状，长约 15 厘米，宽约 0.5 厘米，顶端钝，深绿色，中间有粉绿色带。花茎高约 30 厘米；总苞片 2 枚，披针形，长约 3.5 厘米，宽约 0.5 厘米；伞形花序有花 4—7 朵；花鲜红色；花被裂片狭倒披针形，长约 3 厘米，宽约 0.5 厘米，强度皱缩和反卷，花被筒绿色，长约 0.5 厘米，雄蕊显著伸出于花被外，比花被长 1 倍左右。

生于阴湿山坡、溪谷沟边、石缝之间，庭院、公园也有栽培。产皖南、皖西等地。

栽培供观赏。鳞茎含有多种生物碱，有小毒。石蒜碱具消炎、解毒、镇静、催吐、祛痰、利尿、杀虫等功效，并有一定抗癌活性，主治咽喉肿痛、痈肿疮毒、瘰疬、肾炎水肿、毒蛇咬伤等；所含的加兰他敏和力可拉敏为治疗小儿麻痹症的要药。

物语：花开不见叶，叶绿不见花，因为花叶两不见，石蒜又被称为“彼岸花”。它成片盛放时灿如烟霞，霜雪相侵时绿叶葱茏，两份美丽合成一世情缘，见与不见，情都在根里。

雨久花

拉丁名： *Monochoria korsakowii* Regel et Maack

科 属： 雨久花科雨久花属

别 名： 水白菜

花果期： 7—10 月

一年生水生草本。光滑无毛；根状茎粗壮，下生纤维状须根。茎直立，基部常呈紫色。叶片广卵圆心形，顶端急尖或渐尖，基部心形，全缘，具弧状脉；叶柄下部膨大成囊状；茎生叶基部抱茎成宽鞘。总状花序生于茎顶，超过叶的长度，花10余朵；具花梗，斜向上伸；花蓝紫色，花被裂片6，椭圆形，顶端圆钝；花药长圆形，其中1枚较长，浅蓝色，其余较短，黄色。蒴果卵状长圆形，外被以宿存花被；种子长圆形，有纵棱。

生于池塘、溪沟、湖边、稻田等浅水处。产沿江地区。

全草可作饲料；也入药用，有清热解毒、消肿等功效；亦供观赏。

物语： 雨久花更艳，风轻抚蝉眠。
心叶低声祈，莫入农人田。

鸭舌草

拉丁名：*Monochoria vaginalis* (Burm.f.) Presl

科　属：雨久花科雨久花属

别　名：肺心草、水玉簪

花果期：8—10 月

一年生水生草本。全株光滑无毛；根状茎极短，下生纤维状须根。茎直立或斜上，高不过 50 厘米。叶纸质，形状和大小变化很大，长宽 2 厘米—6 厘米；基生叶具长柄，茎生叶具短柄，基部成鞘。总状花序从叶鞘内抽出，有花 3—12 朵，通常 4 朵；花蓝紫色，略带红色；花被裂片 6，披针形或长圆形；雄蕊 6，内有 1 枚较长，花丝一边有裂齿；子房卵形。蒴果长圆形；种子多数，细小，椭圆形，灰褐色，具细的长条纹。

生于水稻田及浅水池塘中。广布安徽各地。

嫩茎叶可食，也可作猪饲料。全草药用，有清热解毒、止痛、止咳、平喘的功效，主治肠炎、痢疾、咽喉肿痛、慢性支气管炎、扁桃体炎，外用治蛇虫咬伤、疮疖等。

物语：鸭舌草与雨久花是同门同宗的兄弟，花叶颇为相似。可是鸭舌草的花从茎秆斜出，开得十分局促，远不如雨久花，从从容容地开在顶端，花多色艳。毕竟，草与花还是不同。

凤眼莲

拉丁名： *Eichhornia crassipes* (Mart.) Solms-Laub.

科　属： 雨久花科凤眼莲属

别　名： 水葫芦、凤眼蓝

花果期： 5—10 月

浮水草本。茎极短，节上生不定根，具长匍匐枝。叶基生，莲座状，叶片卵形至棱形，长 3 厘米—8 厘米，宽 12 厘米—13 厘米，全缘，光滑，具弧形脉；叶柄长短不一，中部以下膨大成葫芦形海绵质气囊。穗状花序有花 6—12 朵，花葶单生，直立，长 15 厘米—30 厘米；花蓝紫色，直径 3 厘米—4 厘米；花被管外近基部有腺毛，裂片 6，卵形至倒卵形，上部裂片较大；雄蕊 6，3 长 3 短，长的伸出花外，花丝与花被不规则联合；子房长圆形，长 4 毫米，花柱细长。蒴果卵圆形。

生于池塘、沟渠、河水或水稻田中。沿江各地均有引种。

为家畜、家禽饲料。嫩叶和叶柄可作蔬菜。全草药用，有清热解暑、利尿消肿功效，主治中暑烦渴、肾炎水肿等。在富营养化的水体中生长较快，有清洁污水的作用，但有时会堵塞水道。

物语： 凤眼莲的是非功过一直被人们广泛争议，可是它的净化污水能力有目共睹。合理的采收、利用凤眼莲，充分发挥其正面效益，比一味指责它是入侵植物而欲赶尽杀绝更合乎科学。

梭鱼草

拉丁名： *Pontederia cordata* L.

科 属： 雨久花科梭鱼草属

花果期： 5—10月

物语： 梭鱼草也叫“北美梭鱼草”，属于外来植物，近年来在我国人工湿地多有栽培。有试验证明，它对降低多种污水指标的功效明显高于本土植物芦苇。他山之石，可以攻玉。

多年生挺水或湿生草本植物。不定根具多数根毛。高80厘米—150厘米。地下茎粗壮，黄褐色，有芽眼，地茎叶丛生。根叶柄绿色，圆筒形，横切断面具膜质物。叶柄绿色，圆筒形，叶片较大，深绿色，叶形多变，大部分为倒卵状披针形。花葶直立，通常高出叶面。穗状花序顶生，小花密集，200朵以上，蓝紫色带黄斑点，花被裂片6枚，近圆形，裂片基部连接为筒状，最上方的花被裂片有2裂的黄绿色斑点。果实初期绿色，成熟后褐色；果皮坚硬，种子椭圆形。

生于湖畔、塘边、沟旁及浅水中。安徽多地均有栽培。

可用于家庭盆栽、池栽，也可广泛用于园林美化，可栽植于河道两侧、池塘四周、人工湿地。

大茨藻

拉丁名： *Najas marina* L.

科　属： 茨藻科茨藻属

别　名： 茨藻

花果期： 9—10 月

一年生沉水草本。高达 60 厘米，多分枝，具稀疏尖锐短刺。叶对生或聚生于枝顶，带状，坚挺，常扭转，基部叶鞘圆，边缘每侧具 6—10 个刺状粗齿；叶鞘无齿或有稀疏锯齿；无叶柄。花单生于叶腋；雌雄异株；雌花具佛焰苞，花被 2 裂，雄蕊 1；雌花无花被，裸露；子房椭圆形，柱头 2 或 3 裂。果实坚果状，椭圆形；种皮粗糙，表皮细胞呈多角形。

生于湖泊、池塘、流水缓慢的河流中。产安徽各地。

全草可作绿肥和饲料。

物语： 大茨藻，枝脆叶嫩，极易折断，可是它在自己的枝叶上布满锐刺，尽己所能地捍卫着生命的尊严。

黄花鸢尾

拉丁名： *Iris wilsonii* C.H.Wright

科　属： 鸢尾科鸢尾属

别　名： 黄菖蒲

花果期： 5—9月

多年生草本。根状茎粗壮，斜伸；须根黄白色，少分枝，有皱缩的横纹。叶基生，灰绿色，宽条形，长25厘米—55厘米，宽5毫米—8毫米，花茎中空，高50厘米—60厘米，苞片3枚，草质，绿色，披针形，长6厘米—16厘米，宽0.8厘米—1厘米，顶端渐尖，中脉明显，内有2朵花；花黄色，直径6厘米—7厘米；花梗细，长3厘米—11厘米；花被管长0.5厘米—1.2厘米，外花被裂片倒卵形，长约6厘米，宽约1.5厘米，具紫褐色的条纹及斑点，爪部狭楔形，两侧边缘有紫褐色的耳状突起物，中间下陷呈沟状，内花被裂片倒披针形，长约4.5厘米，宽约7毫米；雄蕊长约3.5厘米，花药与花丝近等长；花柱分枝深黄色，长4.5厘米—6厘米，顶端裂片钝三角形或半圆形，有疏齿，子房绿色，长1.2厘米—1.8厘米。蒴果椭圆状柱形，长3厘米—4厘米，直径1.5厘米—2厘米，6条肋明显，成熟时自顶端开裂至中部；种子棕褐色，扁平，半圆形。

生于山坡草丛、林缘草地及河旁沟边的湿地。分布于淮河以南区域。多有栽培。

能清热利咽，也可作观赏植物。

物语： 野水拂岸丛丛绿，黄蝶吟嗡翩翩舞。只待秋风戏斜阳，喜坐溪头剥秋果。来年更有迎春梦，万花满溪再相逢。

鸢 尾

拉丁名：*Iris tectorum* Maxim

科 属：鸢尾科鸢尾属

别 名：蝴蝶蓝、铁扁担

花果期：4—8 月

多年生草本。根状茎短而粗壮，浅黄色；叶基生，稍弯曲，中部略宽，剑形，顶端渐尖，基部鞘状。花茎光滑，不分枝或有 1—2 个短侧枝；苞片 2—3 枚，含 1—2 朵花；花蓝紫色，较大；花梗甚短，花被管细长，上端膨大成喇叭形，外轮花被裂片圆形或宽卵形，顶端微凹，爪部楔形，中脉上有不规则的鸡冠状附属物，表面不整齐，内轮花被裂片椭圆形，花盛开时向外平展，爪部突然变细，雄蕊花药鲜黄色，花丝细长，白色，花柱分枝扁平，淡蓝色，顶端裂片近四方形，有疏齿，子房纺锤状圆柱形。蒴果长椭圆形或倒卵形；种子黑褐色，梨形。

广布于山坡草地、林缘灌丛、溪谷水边。安徽多地有栽培。

叶与根有毒。根状茎入药，具消炎作用，可治关节炎、跌打损伤、肝炎等症。可供观赏。

物语：鸢尾花开时，宛如蓝蝶起舞，轻灵而曼妙。它的根茎粗壮，基部叶左右密列有序，果实满荚，可谓虚实相宜。因为它对氟化物敏感，所以还可担当环境污染监测的重任。

野灯心草

拉丁名：*Juncus setchuensis* Buch.

科　属：灯心草科灯心草属

别　名：龙须草、水灯草

花果期：5—6 月

物语：龙须草，并无龙须的刚硬，由它编织的席子，柔软舒适，清香吸汗，最适合婴儿与老人在盛夏中使用。春天花开时，花小色淡，颇为雅洁。它还可作佛灯里的那根灯芯，虔诚地燃尽自己，一心照亮那些善男信女。

多年生草本，根状茎多缩短，横走，密生须根。茎簇生、细弱，高 30 厘米—50 厘米，直径 0.8 毫米—1.5 毫米，灰绿色，有纵沟纹。叶多基生，叶鞘红褐色至棕褐色，长 1 厘米—10 厘米，上部有膜质边缘；叶片退化为刺芒状。花序假侧生，聚伞状，多花或仅具几朵花；总苞片似茎的延伸，直或弓曲，长 10 厘米—15 厘米，花被片 6，近等长，长 2.5 毫米—3 毫米，卵状披针形，边缘膜质，急尖，雄蕊 3，稍短于花被片，花药较花丝短。蒴果长于花被，近球形，子房内侧膜发育不完全，1 室，成熟时棕褐色，直径约 2 毫米，种子偏斜卵形，长约 0.5 毫米。

生于山沟、道旁的浅水处。产长江以南各地。

茎供编织，可作灯芯、枕芯等；茎髓可入药，清凉、镇静、利尿。

星花灯心草

拉丁名： *Juncus diastrophanthus* Buch

科 属： 灯心草科灯心草属

别 名： 扁秆灯心草

花果期： 4—6月

物语： 星花灯心草，是皖南春日的水边丽景。它们个头不高，却开着灿烂的星花，亲亲热热地抱在一起，诉说着星星知我心的悄悄话。

多年生草本；须根稠密细弱。茎丛生，高20厘米—30厘米，上部两侧略具狭翅，干后具纵条纹。基生叶鞘状，全部抱茎，顶端几无叶片；茎生叶叶片长7厘米—10厘米，宽2.5厘米—3厘米，有不明显的横隔膜，叶鞘边缘膜质，长1.5厘米—3.5厘米。花序宽大，约占植物体的1/2，具线状披针形而带芒尖的苞片；花7—15朵聚生成星芒状的花簇；小苞片宽披针形；花被片6，几等长，狭披针形，长约4.5毫米，具显著中脉，先端具刺状芒尖；雄蕊3，子房长三棱形，柱头3裂。蒴果长圆状三棱形，长4毫米—5毫米，1室；种子倒卵状椭圆形，褐色，有纤细纵纹，两端有小尖头。

生于低山丘陵的水边湿润草丛中。产皖南各地。

饭包草

拉丁名： *Commelina benghalensis* L.

科　属： 鸭跖草科鸭跖草属

别　名： 火柴头、竹叶菜

花果期： 7—10 月

物语： 饭包草总让人想起饭桶、草包，这大约与它叫“竹叶菜”有关。它和鸭跖草极似，可差别也不少：前者为多年生草本，后者为一年生草本；一个具明显叶柄，一个叶几无柄；一个3片花瓣均为蓝色，一个中间花瓣多为白色；花丝一个蓝，一个白。

多年生草本。具横走的根状茎，长可达70厘米。茎多分枝，被疏柔毛，下部匍匐地面，并在节处生根。叶卵形至椭圆形，长2.5厘米—6厘米，宽1.8厘米—3.7厘米，先端钝圆，基部急缩成扁阔的短叶柄，叶鞘膜质，有绿脉和疏而长的睫毛。总苞片佛焰苞状，柄极短，与叶对生，常数个集于枝顶，基部合生成漏斗状，仅顶部分离，长与宽8毫米—14毫米，并具细白硬毛。聚伞花序有花数朵，几不伸出；萼片3，膜质，长约2毫米；花瓣3，蓝色，具爪，长4毫米—5毫米，雄蕊6，能育雄蕊3。蒴果椭圆形，长4毫米—6毫米，3室；种子表面有皱纹。

生于阴湿的田边及沟内。安徽多地可见。

全草药用，可清热、消肿。

鸭跖草

拉丁名： *Commelina communis* L.

科　属： 鸭跖草科鸭跖草属

花果期： 6—10 月

一年生草本，茎高 20 厘米—40 厘米，多分枝，基部匍匐，而节上生根，上部上升。单叶互生，披针形或卵状披针形，长 4 厘米—9 厘米，宽 1.5 厘米—2 厘米；叶几无柄，基部有膜质短叶鞘，白色，有绿脉，仅鞘口疏生软毛。总苞片佛焰状，柄长 1.5 厘米—4 厘米，心状卵形，长 1.2 厘米—2 厘米；聚伞花序有花数朵，略伸出佛焰苞外；萼片 3，卵形，膜质，长约 5 毫米，内侧 2 枚靠近或合生；花瓣 3，蓝色，分离，其侧生 2 片较大，近圆形，长达 15 毫米，有长爪；能育雄蕊 3，花丝长约 13 毫米，不育雄蕊 3，花药退化成蝴蝶状，花丝较短；子房上位，2 室，每室有胚珠 2。蒴果椭圆形，2 瓣裂，共有种子 4；种子表面有不规则窝孔。

生于沟边、路旁、田埂等阴湿处。产全省各地。

全草可入药，有清热、利尿之效，亦可为饲料。

物语：鸭跖（zhí）草也叫“碧蝉儿花”，宋代杨巽斋《咏碧蝉儿花》中“几误佳人将扇扑，始知错认枉心机”两句，可谓写尽了此花的生动。鸭跖草花只在晨露里绽放，一生的绚烂只得半日的展现，可它从从容容，用自己碧蓝的花瓣、金黄的花蕊、别致的花型呈现了生命的精美。

水竹叶

拉丁名：*Murdannia triquetra* (Wall.) Bruckn.

科　属：鸭跖草科水竹叶属

花果期：8—10月

物语：水竹叶远离尘嚣，最爱清幽之地。它的花，也有一种超凡脱俗的清雅。3片花瓣由上而下，轻描淡写地涂抹着一点儿紫蓝，慢慢地氤氲而去，如梦如幻。

多年生水生或沼生草本。茎多分枝，基部匍匐，节处生须根，长10厘米—30厘米。叶线状披针形，长3厘米—6厘米，宽6毫米—7毫米，顶端渐尖，基部鞘状，鞘长5毫米—10毫米，边缘具白色柔毛。花单生于分枝先端的叶腋；花柄长1.5厘米—2.5厘米，果期稍弯垂；苞片线状；萼片披针形，长4毫米—6毫米；绿色，草质；花瓣比萼片稍长，蓝紫色；发育雄蕊3，3枚退化雄蕊顶端不分裂而成戟形，花丝有毛。蒴果矩圆状三棱形，两端稍钝，长5毫米—8毫米，宽3毫米—4毫米，3瓣裂；种子不扁，表面有沟纹。

生于阴湿地、浅水旁或稻田中。产安徽各地。

全草可作猪饲料。幼嫩茎叶可食用；亦可入药，有清热解毒、利尿消肿的功效。

菰

拉丁名： *Zizania latifolia* （*Griseb.*）*Stapf*

科 属： 禾本科菰属

别 名： 茭儿菜、茭白

花果期： 8—10 月

多年生水生草本。高达 2 米。根茎与须根粗壮。秆直立，基部节上有不定根，秆基常因寄生茭白黑穗菌而膨大成茭白。叶鞘肥厚，基部叶鞘常具横脉纹。叶舌膜质，长三角形。叶片平展，表面粗糙，背面较光滑，中脉粗，且凸出于背面，长 30 厘米—100 厘米，宽 10 毫米—25 毫米。圆锥花序长 30 厘米—50 厘米，稍开展，分枝斜举。雌小穗之外稃长 15 毫米—25 毫米，边缘内卷而紧抱内稃，顶端有长芒，长 2 厘米—3 厘米，上被短刺毛，内稃与外稃等长而稍窄，最外 1 对侧脉成两脊。雄小穗外稃长 10 毫米—14 毫米，顶端渐尖或具长 1 毫米的短芒，边缘内卷而紧抱内稃，内稃与之等长而稍窄；雄蕊 6。颖果圆柱状，黑褐色，花柱宿存于上而成 1 喙。

生于池沼、沟渠、河湖边缘。产安徽各地。

本种秆基即为茭白。根茎可入药，称“菰根”，可治肠胃热、止渴、利小便。颖果称“菰米”，可食，也可入药。茎叶为优良饲料和造纸原料，全株可为鱼类饵料和越冬场所。

物语： 菰（gū）的种子在古代被称为“菰米”，是一种重要谷物。《周礼》将它与稻、麦、黍、粟并列，《楚辞·大招》中对它也有记载，杜甫还曾写下“波翻菰米沉云黑”的诗句。后因产量低，约在宋代以后，它逐渐演变为一种美味的家常蔬菜。

芦 苇

拉丁名： *Phragmites australis* (Cav.) Trin.

科 属： 禾本科芦苇属

别 名： 苇、葭

花果期： 7—11 月

多年水生高大草本，具粗壮匍匐的根茎。秆直立，节下通常有白粉。叶鞘无毛或被细毛，有横脉纹。叶舌极短，截平，或为一圈纤毛。叶片平展，条形至披针形，光滑或边缘粗糙，长15厘米—45厘米，宽1厘米—4.5厘米。圆锥花序长10厘米—40厘米，开展，微向下垂。小穗长12厘米—16厘米，含4—7小花。颖有3脉，第一颖长4毫米—6毫米，第二颖长5毫米—11毫米；外稃有3脉，第一小花常为雄性，其外稃长8毫米—15毫米，内稃长3毫米—4毫米，第二外稃长10毫米—16毫米，顶端长尖，内稃长3毫米—3.5毫米，基盘细长，上存长6毫米—12毫米的丝状柔毛。

喜生于沼泽、江岸、湖滩和沟渠中，常大面积成片分布于江滩和江心洲上。产安徽各地。

茎叶为造纸主要原料；也可作人造棉和人造丝原料；又可作饲料，尤其在抽穗前，为家畜所喜食。茎秆可编席和建房。根茎入药(药材名“芦根”)，可清热生津。花序能止血解毒。叶可裹粽。

物语：邓丽君的一曲《在水一方》，把一首约3000年前的美丽情歌送到人们的耳畔：“蒹葭(jiān jiā)苍苍，白露为霜；所谓伊人，在水一方。溯洄从之，道阻且长；溯游从之，宛在水中央。”那位可望而不可即的伊人，正是《诗经·蒹葭》怀想的对象，也是后世以“葭思”喻怀人的源起。“蒹”是没长穗的芦苇，“葭”为初生芦苇。《诗经·河广》中“谁谓河广？一苇杭之”所提及的“苇”，则指花后结实之芦苇。按照《毛诗注疏》的解释，苇之初生曰葭，未开花曰芦，长成曰苇。这里足可见古人对生命过程的关切与思考，也验证了法国哲学家帕斯卡尔的那句名言：“人是一株会思考的芦苇。”

芦 竹

拉丁名：*Arundo donax* L.

科 属：禾本科芦竹属

花果期：9—12月

物语：对对成双碧竹叶，秋来生花絮飞天。
心中空远无宠辱，自奏高歌唱月圆。

多年生，丛生。秆直立，质地较芦苇坚硬，高2米—6米，径粗1厘米—1.8厘米。叶片披针状线形，长30厘米—80厘米，宽2厘米—5厘米，基部接近叶鞘处呈淡黄色，心脏形而抱茎。圆锥花序顶生，长30厘米—70厘米。小穗绿或着带紫红色，两侧扁压，长10毫米—13毫米，有2—4小花。两颖长10毫米—13毫米，近相等，膜质，披针形，顶端渐尖，有3—5脉，外稃披针形，有3—5脉，中脉延伸成长1毫米—2毫米之短芒，背面中部以下有长5毫米—6毫米之丝状柔毛，基盘长约0.5毫米，第一外稃长10毫米—13毫米，内稃长为外稃之半。

喜生水边、堤岸。产安徽各地。

老秆可盖房，又可作管乐器中簧片的代用品。嫩茎、叶为造纸和制人造丝的原料。可作固堤植物，也可供观赏。

菵　草

拉丁名： *Beckmannia syzigachne* (Steud.) Fern.

科　属： 禾本科菵草属

别　名： 水稗

花果期： 4—10月

一年生直立草本，高15厘米—90厘米。秆有2—4节。叶鞘无毛，多长于节间。叶舌透明膜质，长3毫米—8毫米。叶片平展，长5厘米—20厘米，宽3毫米—10毫米，粗糙或背面平滑。圆锥花序长10厘米—30厘米，分枝稀疏，直立或斜升。小穗扁压，圆形，通常含1花，长约3毫米。颖半圆舟形，草质而边缘较薄，背部灰绿色，有淡绿色横纹；外稃披针形，有5脉，其短尖头常伸出颖外；花药黄色，长约1毫米。颖果黄褐色，长圆形，长约1.5毫米，先端具丛生短毛。

多生于水边潮湿处。广布安徽长江流域及平原地区。

茎叶为优质饲草。

物语： 据唐代陈藏器《本草拾遗》记载，菵（wǎng）草“苗似小麦而小，四月熟，可作饭”。它也是马、牛、羊的喜食植物。

乱 草

拉丁名：_Eragrostis japonica_ (Thunb.) Trin.

科 属：禾本科画眉草属

别 名：碎米知风草

花果期：7—10 月

一年生，秆丛生，高 30 厘米—100 厘米。叶鞘疏松包秆，光滑。叶舌长约 0.5 毫米，干膜质，平截。叶片长 7 厘米—25 厘米，宽 3 毫米—5 毫米，平展或内卷。圆锥花序长圆形，长超过植株的一半，宽 2 厘米—6 厘米，分枝细弱，簇生或近轮生。小穗卵圆形，成熟后变紫色，长 1 毫米—2 毫米，含 4—8 小花，小穗轴逐节断落。颖近等长，顶端钝，长 0.5 毫米—0.8 毫米，外稃卵圆形，顶端钝，长 0.8 毫米—1 毫米；内稃稍短于外稃；雄蕊 2。

多生于荒野、路旁或低湿地。产淮河以南地区。

物语：金秋十月，是乱草一生最绚烂的时节，它茎绿穗红，透出一种成熟之美。直至枯萎，它的圆锥花序始终楚楚动人。

千金子

拉丁名： *Leptochloa chinensis* L. Nees

科　属： 禾本科千金子属

花果期： 8—11 月

一年生。秆直立，基部膝曲或倾斜，着土后节上易生根，高 30 厘米—90 厘米，平滑无毛。叶鞘无毛，叶舌膜质，多撕裂。叶片平展或卷折，长 4 厘米—25 厘米，宽 2 毫米—6 毫米，圆锥花序长 10 厘米—30 厘米，分枝及主轴均微粗糙，分枝长达 9 厘米。小穗多带紫色，长 2 毫米—4 毫米，有 3—7 花，第一颖较短而狭窄，长 1 毫米—1.5 毫米，第二颖长 1.2 毫米—1.8 毫米；外稃顶端钝，有 3 脉（侧脉不显），第一外稃长 1.2 毫米—1.5 毫米，无毛或下部有微毛；花药长约 0.5 毫米，颖果圆球形，长约 1 毫米。

生于较湿润的路旁或荒地中。广布安徽各地。

可作牧草。

物语： 千金子单株无奇，成片则大为可观。微风掠过，紫穗绿叶顺风倾伏，令人生出风吹草低见牛羊的无尽遐思。

牛筋草

拉丁名：*Eleusine indica*（L.）Gaertn.

科 属：禾本科穇属

别 名：蟋蟀草

花果期：6—10 月

物语：牛筋草的生命力极强，人踩车碾依然生机蓬勃。它扎根深牢，一般人根本拔不动。它还具有百折不挠的韧性，用它编织的草鞋经磨耐穿，也是逗弄蛐蛐的好材料。

一年生草本。秆丛生，直立，或基部向四周开展，高 15 厘米—90 厘米。须根细而稠密。叶鞘扁压，有脊，无毛或疏生疣毛，口部常有柔毛。叶舌长约 1 毫米。叶片扁平或卷折，宽 3 毫米—5 毫米，无毛或上面有疣基柔毛。穗状花序长 3 厘米—10 厘米，宽 3 毫米—5 毫米，2 至数个呈指状簇生秆顶。小穗有 3—6 花，长 4 毫米—7 毫米，宽 2 毫米—3 毫米。颖批针形，有脊，脊上粗糙，第一颖长 1.5 毫米—2 毫米，第二颖长 2 毫米—3 毫米；第一外稃长 3 毫米—3.5 毫米，有脊，脊上有狭翼；内稃短于外稃，脊上有小纤毛。种子长 1.5 毫米，卵形，有明显的波状皱纹。

多生于坚实的荒地和路边，以及沟旁、湖岸。广布安徽各地。

可作羊的鲜饲草；可入药，能预防乙型脑炎等病；亦可作固土护堤植物。

虎尾草

拉丁名：*Chloris virgata* Sw.

科　属：禾本科虎尾草属

别　名：刷子头、盘草

花果期：6—11 月

物语：虎尾草冲天长着长长的芒刺，虎虎有生气。它的适应力极强，喜湿润，也耐干旱，喜肥沃，也耐瘠薄。

一年生草本。须根柔韧，秆直立或基部膝曲，高 12 厘米—75 厘米，茎 1 毫米—4 毫米。丛生，光滑无毛。叶鞘背部具脊，最上者常肿胀而包藏花序。叶片平滑或上面及边缘粗糙。穗状花序长 3 厘米—4 厘米，4—10 余枚指状簇生于秆顶，常直立，而并拢成毛刷状。小穗长 3 毫米—4 毫米，成熟后带紫色。颖膜质，第一颖长 1.5 毫米—2 毫米，第二颖长约 3 毫米，具长 0.5 毫米—1.5 毫米的芒；第一外稃长 3 毫米—4 毫米，有 3 脉，边缘有长柔毛；内稃稍短于外稃。不孕外稃长约 2 毫米，有芒长 4 毫米—9 毫米。颖果长约 2 毫米。

常见于路边、荒野、堤岸、沙地，以及土墙房顶上。广布安徽淮北各地。

为良好牧草，家畜喜食。

光头稗

拉丁名：*Echinochloa colonum* (L.) Link

科　属：禾本科稗属

别　名：芒稷、光头芒

花果期：7—10月

物语：光头稗（bài）无芒刺，与臭名昭著的稻田稗子同科同属。其实，稗子不仅可作饲料，也可食用。西汉《泛胜之书·种稗篇》就曾有“稗中有米，熟捣取米，炊食之不减粟米，又可酿作酒”的记载。

一年生草本。秆直立，高15厘米—50厘米，无毛。叶鞘具脊，无毛。叶舌缺。叶片线形，平展，长5厘米—20厘米，宽3毫米—7毫米，无毛，边缘稍粗糙。圆锥花序狭窄，长4厘米—8厘米，主轴三棱形，或仅基部和分枝交接处被1—2根疣基长毛，分枝为穗形总状花序，稀疏排列于主轴上，上举或贴向主轴，长1厘米—2厘米，穗轴有细硬毛。小穗卵圆形，长2毫米—2.5毫米，被小硬毛，较规则地成4行排列于穗轴之一侧；第一颖长约为小穗之半，三角形，具3脉；第二颖与第一外稃等长且同形，顶端均具小尖头，具7脉，间脉不达基部；第一小花常中性，膜质；第二外稃椭圆形，平凸状，光亮，长约2毫米。

多见于田野、河畔、路边湿润地上。产安徽各地。

长芒稗

拉丁名： *Echinochloa caudata* Roshev.

科　属： 禾本科稗属

花果期： 6—10月

物语： 据《中国植物志》统计，我国禾本科稗属共有9种、5变种，长芒稗是其中之一。它与光头稗相反，穗上布满芒刺。有学者以旱稻为母本、长芒稗为父本进行远缘杂交，5年的试验证明，杂种优势明显，单株产量可超母本80.39%。

一年生草本，秆高1米—2米。叶鞘无毛或常有疣基毛（或毛脱落仅留疣基），或仅有糙毛，或仅边缘有毛。叶舌缺。叶片长10厘米—40厘米，宽1厘米—2厘米，两面无毛，边缘增厚而粗糙。圆锥花序稍下垂，长10厘米—25厘米，宽1.5厘米—4厘米，主轴疏生疣基长毛，分枝密集，常再分小枝。小穗卵状椭圆形，常带紫色，长3毫米—4毫米，脉上具硬刺毛或疏生疣毛；第一颖长为小穗的1/3—2/5，具3脉；第二颖顶端具长0.1毫米—0.2毫米的芒，具5脉；第一外稃草质，顶端有长1.5厘米—5厘米的芒，内稃膜质，边缘具细睫毛；第二外稃革质，边缘包卷着同质的内稃。

多生于田边、路边和湿地中。产安徽各地。

嫩株可作饲草。

双穗雀稗

拉丁名： *Paspaloides* (Michx.)Scribn.

科 属： 禾本科雀稗属

花果期： 5—8 月

多年生草本，高 20 厘米—70 厘米。具根茎，秆横卧地面，节上易生根。叶鞘松弛，扁压，具脊，鞘口被长纤毛。叶舌膜质，长 1 毫米—1.5 毫米。叶平展，质柔软，长 3 厘米—12 厘米，宽 2 毫米—8 毫米。总状花序 2 枚，孪生于主轴顶端，张开作叉状，稀有 3 枚者，长 2 厘米—5 厘米。小穗成 2 行排列于穗轴的 1 侧，椭圆形，长 3 毫米—3.5 毫米，顶端急尖。第一颖缺或微小；第二颖与第一外稃等长，均具 3 脉，而前者常被微毛；第二外稃椭圆形，背凸，长约 2.5 毫米，顶端有少数细毛；雄蕊 3，花药褐或紫色，长约 1.5 毫米。颖果圆形，紫褐色。

多生于浅水中、沟旁或潮湿的田野中。产安徽各地。

为优良牧草，匍茎发达，可用作保土植物。

物语： 丫丫一草叉，逐水自风华。
霜染茎节红，细根堪大用。

狗尾草

拉丁名： *Setaria viridis*(L.)Beauv.

科　属： 禾本科狗尾草属

花果期： 5—11 月

一年生草本。高 30 厘米—100 厘米，秆直立或基部膝曲，通常较细弱。叶片平展，长 5 厘米—20 厘米，宽 2 毫米—15 毫米。圆锥花序紧密，呈圆柱形，长 5 厘米—15 厘米，微弯垂或直立，刚毛粗糙，绿色；小穗椭圆形，长 2 毫米—2.5 毫米，顶端钝，第一颖卵形，长约为小穗的 1/3，具 3 脉；第二颖和第一外稃几与小穗等长，具 5—7 脉；内稃狭窄。第二外稃长圆形，顶端钝，与小穗等长。

生于湖边、路旁、荒野和农田。广布安徽多地。

可作饲料。

物语： “良莠不齐”之“莠”，指的正是狗尾草。《孟子·尽心》中也曾引孔子之言对“莠”大加鞑伐：“恶莠，恐其乱苗也。”其实狗尾草的功劳很大，古人所食之粟正由狗尾草驯化而来。即使不论它的历史贡献，就是那用狗尾草做成的痒痒挠和毛胡琴，也给很多人的童年留下了美好的回忆。

狼尾草

拉丁名：*Pennisetum alopecuroides* (L.) Spreng.

科　属：禾本科狼尾草属

花果期：8—10 月

物语：古称狼尾草为“稂”（láng），《诗经·大田》曾有“既坚既好，不稂不莠”的描述。“不稂不莠”进入成语后则用来比喻人不成才，没出息。其实，丛生的狼尾草穗大茎直貌美，颇具景观效果。

多年生草本。秆丛生，直立，高 30 厘米—100 厘米，花序以下常密生柔毛。叶鞘光滑，有脊，基部彼此跨生。叶舌短于 0.5 毫米。叶片线性，长 15 厘米—50 厘米，宽 2 毫米—6 毫米，常干后内卷。穗状圆锥花序，直立，长 5 厘米—20 厘米，宽 1 厘米—1.5 厘米，主轴硬，密被柔毛。刚毛 1 厘米—2.5 厘米，黑紫色，粗糙。小穗长 6 毫米—8 毫米。第一颖卵形，长约 1 毫米；第二颖长约为小穗之半，有 3—5 脉；第一外稃草质，与小穗等长，有 7—10 脉；颖果长约 3.5 毫米。

生于路边、田埂、沟旁、河畔。广布安徽平原地区。

幼草可作牧草。谷粒可酿酒或提制糠醛。

荩　草

拉丁名： *Arthraxon hispidus* (Thunb.) Makino

科　属： 禾本科荩草属

花果期： 8—10 月

物语： 李时珍在《本草纲目》中曰："此草绿色，可染黄，故曰黄、曰绿也。"《诗经》中"终朝采绿"正是描写官府为满足朝廷染色之需不断驱使百姓采摘荩(jìn)草的场面。屈原在《离骚》与《招魂》篇中也曾提及此草，名之为"菉"（lù）。

一年生草本。秆细弱，坚硬，无毛，基部倾斜，高 30 厘米—45 厘米。叶鞘边缘具短硬疣毛。叶舌膜质，顶端圆形，长 0.5 毫米—1 毫米，边缘具小纤毛。叶片卵状披针形，基部呈心形而抱秆，长 2 厘米—4 厘米，宽 8 毫米—12 毫米，除下部边缘疏生疣基长纤毛外，余均无毛。总状花序细弱，长 1.5 厘米—3 厘米，2—10 枚，呈指状排列或簇生于秆顶，穗轴节间长约 2 毫米。两颖等长于小穗，第一颖草质，具 7—9 脉，第二颖舟形，具 3 脉；2 外稃透明膜质等长，第二外稃近基部伸出 1 膝曲的芒，芒长 6 毫米—9 毫米，下部扭转；雄蕊 2，花药黄色或紫色，长 0.7 毫米—1 毫米。

生于荫湿处或林下。广布安徽各地。

可作牧草。

荻

拉丁名： *Triarrhena sacchariflora* (Maxim.) Nakai

科　属： 禾本科荻属

别　名： 荻草

花果期： 8—10月

多年生水陆两生草本，高120厘米—180厘米。具粗壮被鳞片的长根茎。秆直立，无毛，多节。叶舌长0.5毫米—1毫米，顶端圆，有小纤毛。叶片线形，长10厘米—60厘米，宽4毫米—12毫米，除表面基部密生柔毛外，余均无毛。圆锥花序扇形，长20厘米—30厘米。小穗草黄色，成熟后变淡褐色，狭披针形，长5毫米—6毫米，基盘具白色丝状毛，毛长逾小穗甚至达2倍；第一颖具2脊，无脉或脊间有1不明显脉，顶端膜质而渐尖，两侧及上部均有较颖为长的白丝状柔毛；第二颖舟形，具3脉，顶端渐尖，并与边缘同为膜质而具小纤毛，背部常无毛；第一外稃披针形，较颖略短，有3脉；第二外稃披针形，较颖短1/4，常无芒；内稃短而窄；顶端不规则齿裂；雄蕊3，花药长1毫米—2毫米。

适应性强，在干燥山坡和水湿地上都可生长，但以河滩、沼泽中生长较多。产安徽各地。

根茎发达，可作为护堤植物。秆叶可造纸、盖房。

物语：荻，是传统诗文中塑造秋景的特有意象（如白居易《琵琶行》中的“枫叶荻花秋瑟瑟”），也是古人勤奋好学的典型象征（如《颜氏家训》中刘绮“燃荻苦读”、欧阳修“画荻学书”）。《诗经》名之为“菼”（tǎn），《楚辞》称之为“萑”（huán）。比起芦苇，荻心实，也更喜激流。它生命力旺盛，用途广泛，颇值得称赞：荻花遥遥舞溪洋，高坡低谷不择壤。深扎根茎碧诚景，万里逐梦自敢当。

白 茅

拉丁名：*Imperata cylindrica* (L.) Beauv.

科 属：禾本科白茅属

别 名：茅针、茅草

花果期：5—10月

多年生草本。根茎密被鳞片。秆丛生，直立，高25厘米—80厘米，节上有柔毛。叶鞘无毛，基部叶鞘常碎裂，呈纤维状；叶舌干膜质，顶圆；叶片线形，平展，长5厘米—60厘米，宽2毫米—8毫米（顶生叶小），无毛或背面及边缘粗糙。花序圆柱状，长5厘米—18厘米，宽1厘米—3厘米，分枝短而密集。小穗长圆状披针形，基部密生白丝状柔毛，小穗柄不等长；颖长圆状披针形，厚膜质，背及边缘被丝状长柔毛，第一颖有5脉，第二颖较宽，有4—6脉；内外稃薄膜质，第一外稃卵状长圆形，内稃缺，第二外稃卵圆而较第一外稃稍短，内稃顶端平面有大小不一的齿，雄蕊2，柱头紫黑色。

多生于荒地、山坡、疏林和河岸，适应性强。遍布安徽各地。

茎叶可造纸。根茎入药，可利尿清热。花序上的毛可止血。根茎发达，可作固沙固土植物。

物语：“兰芷变而不芳兮，荃蕙化而为茅。”屈原感叹香草变异、君子变节的哀伤，这从一个侧面验证了白茅不择土性、四处蔓生的生命特性。春花初蕾时的茅茅针，软嫩而有咬劲，是童年的美食；那沁着泥土芳香的茅根的甜味，至今还留在很多人的舌尖上。

黄背草

拉丁名： *Themeda japonica*（Willd.）Tanaka

科　属： 禾本科菅属

花果期： 6—11 月

多年生草本，秆粗壮，直立，高 70 厘米—110 厘米。叶鞘通常有硬疣毛。叶片线形，长 12 厘米—40 厘米，宽 4 毫米—5 毫米。假圆锥花序长 30 厘米—40 厘米，总状花序长 12 毫米—17 毫米，有长 2 毫米—3 毫米的总花梗，其下托以 2.5 厘米—3 厘米的佛焰苞；总状花序上有 7 枚小穗，其中基部 4 小穗轮生在一平面上，雄性，无柄，长圆披针形，长 7 毫米—9 毫米；两性小穗通常 1 枚，纺锤状圆柱形，长 8 毫米—10 毫米，顶端钝，基盘有长 2 毫米—4 毫米棕色髯毛，第一颖革质，背圆，成熟时光滑，棕色，上部被短硬毛；第二颖与第一颖同质同长，两边为第一颖所包，顶端圆钝；第一外稃长约 6 毫米，透明膜质，第二外稃退化为芒的基部，芒长 3 毫米—6 毫米，1—2 回膝曲、粗壮，下部密生短毛。有柄小穗雄性。

多生于路旁、山坡、荒地、沟塘边。产安徽各地。

秆叶可造纸、盖房。

物语： 黄背草抽穗时，宛如天堂鸟一般秀美空灵，成熟后则如醉酒新郎满面绯红，故有“红草”之称。成语“草菅人命”，说的是把人命当菅草，黄背草正与菅草同科同属，是正宗的嫡亲。

薏 苡

拉丁名： *Coix lacryma-jobi* L.

科 属： 禾本科薏苡属

别 名： 川谷、菩提子

花果期： 7—11 月

一年或多年生草本，秆粗壮，多分枝，高 1 米—1.5 米。叶片宽线形至线状披针形，长 10 厘米—40 厘米，宽 1.5 厘米—3 厘米，中脉粗厚而于下面凸起。叶舌质硬，长 1 毫米，总状花序 1 至数枚，由上部叶腋内抽出，长 3 厘米—10 厘米，有长数厘米的总花梗，雌小穗位于花序的下部，长 7 毫米—9 毫米，外面包以骨质卵状或圆球状的总苞，总苞略短于小穗，每总苞内有结实雌小穗 1 枚，退化雌小穗 2 枚，后者为长约 9 毫米的管状物（代表颖片）。结实小穗第一颖球面形，第二颖舟形；雄蕊具长花柱；颖果圆形，长约 6 毫米，有较深的腹沟。无柄雄小穗 6 毫米—7 毫米，颖草质，第一颖扁平，第二颖舟形；外稃与内稃均为薄膜质，较颖稍短，雄蕊 3，花药长 4 毫米—5 毫米。

多生于温暖潮湿的田边地头和山谷溪沟。安徽各地常有栽培。

秆叶可作造纸原料或饲料。念珠状的总苞表面有珐琅质，光亮，可作工艺品。颖果即为中药材薏仁米，有健脾祛湿作用；也可食用或酿酒。

物语： 成语“薏苡（yì yǐ）明珠”，意指无端遭人诬陷而蒙冤。典出东汉名将马援在南方征战，采用民间偏方，用薏苡治瘴气，使部队摆脱困境大获全胜。在凯旋回朝时，因他携带薏苡而遭诬告蒙冤，被认为搜罗了百姓的大量珍珠。苏轼《薏苡》一诗，则是对此物的专唱。

大　薸

拉丁名：*Pistia stratiotes* L.

科　属：天南星科大薸属

别　名：水浮莲、肥猪菜

花果期：5—11 月

多年生漂浮草本。须根羽状，密集。叶排成莲座状。叶片倒卵状楔形，长 1.3 厘米—10 厘米，宽 1.5 厘米—6 厘米，先端截形，两面被毛，基部尤密，射出脉 6—12 条，分枝；叶鞘托叶状，干膜质；叶基背面两侧具芽，向四周萌发成匍匐茎，并在其顶端形成新株。花序柄极短，佛焰苞白色，背面被毛，长 8 毫米—10 毫米，中部缢缩，下部管状，上部张开；肉穗花序稍短于佛焰苞，下部与佛焰苞的管背合生，上部分离，无附属器；花单性同序，无花被，雄花序轮状着生于花序轴上部，有 2—8 枚雄花，每雄花有 2 枚合生雄蕊，雄花序之下有一扩大的环状薄膜，下部雌花序具单花，子房卵圆形，1 室，胚珠多数，4—6 列斜生于肉穗花序轴上。小浆果，卵圆形；种子圆柱形，具丰富胚乳。

生于淡水池塘、水沟等静水水面。大薸原产于热带和亚热带，淮河以南引种栽培。

全株可作饲料、肥料，可药用，也可净化水体。

物语：大薸（piáo）曾作为水生饲料从南美引进我国。其叶舒展美观，呈莲座状，可供观赏。大薸繁殖力极强，和凤眼莲一样，需规范圈养，以防堵塞水道。

虎 掌

拉丁名： *Pinellia pedatisecta*

科 属： 天南星科半夏属

别 名： 掌叶半夏

花果期： 6—11 月

多年生草本。块茎扁圆球形，直径 4 厘米—5 厘米，四旁常生小球状块茎。叶 1—3 或更多，叶柄长 20 厘米—60 厘米，下部具鞘；叶片鸟趾状分裂，裂片（5）6—11，披针形，中裂片长 12 厘米—18 厘米，宽 2 厘米—4 厘米，两侧裂片依次渐小，先端渐尖，基部楔形，无柄或缩为短柄。花序柄长 30 厘米—50 厘米；佛焰苞淡绿色，管部长 2 厘米—4 厘米，直径约 1 厘米，向下渐收缩，檐部长披针形，锐尖，长 8 厘米—15 厘米；肉穗花序，下部雌花序长 1.5 厘米—3 厘米，上部雄花序长 5 毫米—7 毫米，附属器黄绿色，细线形，长 8 厘米—12 厘米，略呈“S”形弯曲。浆果卵圆形，黄白色。

生于林下、山谷、河岸或荒草丛阴湿处。分布于沿江、沿淮等地。

物语： 虎掌的药用历史很长，我国最早的中药学专著《神农本草经》，就曾对虎掌的性味功能有细致的描述。《名医别录》则曰：“虎掌微寒，有大毒。”

野　芋

拉丁名：*Colocasia antiquorum* Schott

科　属：天南星科芋属

别　名：野芋头

花果期：8—9月

物语：野芋叶色碧绿，质如荷，形似盾，是皖南溪涧边的常景。炎炎烈日下，每于清水碧流处目睹其绰约风姿，即可顿生凉意。

一年生湿生草本，块茎球形，有较多发亮的芽眼。叶柄肥厚，直立，长达1米以上；叶片薄革质，表面略发亮，盾状着生，卵状长椭圆形，基部心形，长50厘米以上。花序柄比叶柄短许多；佛焰苞长15厘米—25厘米，管部长圆形，为檐部长1/2—1/5，淡绿色，檐部为狭长的线状披针形，先端渐尖，苍黄色；肉穗花序短于佛焰苞，雌花序与不育雄花序等长，长2厘米—4厘米，能育雄花序和附属器等长，长4厘米—8厘米。雌蕊具极短的花柱。本种很少开花。

多生于田边、水沟旁及林下阴湿地，亦有栽培。沿江、皖南地区多见。

块茎（有毒）供药用，外用治无名肿毒、疥疮、虫蛇咬伤等。

浮 萍

拉丁名：*Lemna minor* L.

科 属：浮萍科浮萍属

别 名：青萍

花果期：6—7月

漂浮植物。具1条长3厘米—4厘米的细根，白色，根冠钝头，根鞘无翅。叶状体对称，近圆形、倒卵形或倒卵状椭圆形，全缘，长1.5毫米—5毫米，宽2毫米—3毫米，具3条不明显的脉纹，表面绿色，腹面浅黄色或绿白色或常带紫色，叶状体腹面1侧具囊，新叶状体于囊内形成后浮出，以极短的细柄与母体相连，随后脱落。雌花具1枚弯生胚珠。果实近陀螺状，无翅或有窄翅；种子具凸出的胚乳，并具12—15条纵肋。

生于水田、池沼等静水中。产安徽南北各地。

为良好的猪、鸭饲料；也可作草鱼的饲料；又可入药，能发汗、利水、消肿毒，治风湿脚气、热毒、衄血、水肿、小便不利、麻疹不透、感冒发热无汗。

物语：浮萍根丝细弱，随风飘散，是中国历代文人笔下的典型意象。白居易一生存诗近3000首，中有多诗涉及浮萍。这大约与他被贬江州、外放苏杭等经历有关。在“与君相遇知何处，两叶浮萍大海中”“太仓一稊（tí）米，大海一浮萍”等诗句中，他极尽想象，用大海与浮萍之间的巨大反差，生动形象地表达了自己强烈的漂泊感。其实，浮萍只喜静水，并不会生于海上，而且它可无性繁殖，繁殖力极强，常数日之内即可蔓延扩展到整个水域。

紫　萍

拉丁名：*Spirodela polyrrhiza*（L.）Schleid.

科　属：浮萍科紫萍属

别　名：紫背浮萍

花果期：6—7月

浮水小植物，根5—11条，聚生于叶状体腹面中央，白绿色，根冠尖，脱落。在根基附近的一个侧囊内形成圆形新芽，萌发后，幼叶状体渐从囊内浮出，由一细弱的柄与母体相连。叶状体扁平，倒卵形至圆形，长5毫米—8毫米，宽4毫米—6毫米，先端钝圆，表面暗绿色，背带紫红色。肉穗花序，佛焰苞袋状，内包有1朵雌花和2朵雄花；雄花具1—2雄蕊；雌花子房1室，具1—2枚直生胚珠，花柱短。果实圆形，上部有翅。

生于水田、水塘、湖湾及水沟等静水面上。广布安徽各地。

全草药用，能解表疏风、发汗利尿，治感冒发热无汗、麻疹透发不畅、小便不利、水肿和皮肤瘙痒等症；可作饲料，亦为放养草鱼的良好饵料。

物语：紫萍，因叶底红紫而得名。与浮萍相比，它根系发达，叶片较大而圆。常与浮萍伴生，两者作用相似。

水 烛

拉丁名：*Typha angustifolia*

科 属：香蒲科香蒲属

别 名：蒲草、毛蜡烛、狭叶香蒲

花果期：6—8月

物语：水烛的名字真是形象，它那圆柱状的穗状花序，恰似根根蜡烛，着实照亮了路人的眼。钢筋混凝土无法安放人们的精神家园，只有水烛摇曳的自然才能带来内心的和谐与安宁。

多年生沼生草本，高1米—3米。匍匐茎生于污泥中，生多数须根。茎直立，较细弱，具白色髓。叶线形，宽4毫米—8毫米，背部隆起；叶鞘通常具叶耳，下部为圆筒形，具膜质边缘。穗状花序圆柱状，长30厘米—60厘米，雌雄花序不相连接，间距变化很大，多在5毫米—12毫米之间；雄花序在上，长20厘米—30厘米，较细瘦，雄蕊2—3；苞片毛状，褐色，毛较花药长，花粉粒单生，柠檬黄色；雌花序在下，长8厘米—20厘米，直径8毫米—20毫米，深褐色或红褐色；雌花苞片匙形，平截，黑褐色；可育花具梗，梗密生长毛；花柱细长，深褐色，柱头线状长圆形，不育花具梗，梗下部具长毛，先端具宽而扁平的不育子房，顶端具退化花柱。小坚果无沟。

生于池塘边缘及河岸浅水处。产安徽各地。

花粉入药，为消炎利尿和止血剂。叶供编织。雌花称“蒲绒”，通常作枕絮和坐垫、沙发等填充物；嫩叶为家畜饲料。

水　葱

拉丁名：*Scirpus validus* Vahl

科　属：莎草科藨草属

别　名：莞

花果期：5—8月

多年生草本，高1米—2米。根状茎粗壮，匍匐。秆高大，圆柱形，径约1.5厘米，基部具3—4个叶鞘，最上的叶鞘具线形短叶片。总苞苞片1，钻状，似为秆的延伸，短于花序；长侧枝聚伞花序假侧生，简单或复出，有辐射枝4—13个、不等长；小穗单生，或2—3个簇生，卵形或矩圆卵形，长5毫米—10毫米，径2毫米—4毫米，具多数花；鳞片椭圆形或宽卵形，长约3毫米，背部1脉，红褐色，有锈色疣状小突起，边缘有缘毛，顶端微凹，有小尖头；下位刚毛6，与小坚果近等长，有倒刺；雄蕊3，花药线形；柱头2，少为3；小坚果倒卵形，双凸状，平滑，长约2毫米。

生于江、湖滩地及沟、塘浅水中。产安徽各地，以沿江地区较常见，野生或栽培。

秆用手编织和造纸，亦可药用，除湿、利尿。

物语：单株水葱并不生色，连绵成片则成丽景，尤其当它与黄花鸢尾、慈菇、荷花、睡莲、萍蓬草等错落相映时，更能营造自然之趣和郊野之美。

水毛花

拉丁名： *Scirpus triangutalatus* Roxb.

科 属： 莎草科水葱属

花果期： 6—9月

物语： 水毛花，一丛即是一景，蓬松自然地斜立在浅水边，常与慈菇、莲伴生。茎秆有棱，侧出的花穗拥抱在一起，组成了一朵朵精致生动的星花。

多年生草本。根状茎粗短，密具细长须根。秆丛生，稍粗壮，锐三棱柱形，高50厘米—100厘米；基部具2个叶鞘，鞘口斜截形，无叶片。总苞苞片1，长5厘米—15厘米，三棱柱形，似为秆的延伸；长侧枝聚伞花序紧缩成头状，假侧生，具5—9个小穗；小穗矩圆形、卵形，长8毫米—16毫米，径4毫米—6毫米，具多数花；鳞片卵形或矩圆状卵形，顶端稍急尖，有短尖头，近于革质，长约4毫米，淡褐色，两侧有红褐色条纹；背部1脉，下位刚毛6，近等长于或稍短于小坚果，有倒刺，雄蕊3，花药线形，长约2毫米，药隔稍突出；小坚果宽倒卵形，扁三棱形，长2毫米—2.5毫米，熟时黑褐色，稍有皱纹；花柱长；柱头3。

生于江、湖滩地及河、沟、塘边水湿地。产安徽各地。

秆可用于造纸和编织席垫等物。又可药用，根清热利尿，全草清热解表、润肺、止咳。

荸　荠

拉丁名： *Heleocharis dulcis*（Burm.f.）Trin.

科　属： 莎草科荸荠属

别　名： 马蹄、地栗

花果期： 5—9 月

物语： 荸荠（bí qi），是今天的常见蔬果，甜脆白嫩，生吃煮食皆可口。古人名之“凫茈”（fú zǐ），拿它作荒年的救命粮，北宋苏舜钦就曾有“老稚满田野，斫掘寻凫茈”的忧民之叹。方剂凫茈散，出《本草纲目》，可治妇人血崩。

多年生草本，根状茎匍匐、细长，顶端膨大成球茎。秆丛生，圆柱形，高 15 厘米—100 厘米，径 2 毫米—5 毫米，有多数横隔膜，干后表面现有节；基部有 2—3 个叶鞘，鞘口斜形，顶端急尖。小穗圆柱形，长 1.5 厘米—3.5 厘米，径 5 毫米—6 毫米，淡绿色，有多数花，基部的 2 枚鳞片内无花；鳞片宽矩圆形或成矩圆状卵形，顶端钝圆，长约 5 毫米，宽 3 毫米，近革质，灰绿色，边缘干膜质，有淡棕色细点，中脉 1；下位刚毛 7，较小坚果长 1 倍半，有倒刺；小坚果宽倒卵形，双凸状，顶端不缢缩，长约 2.4 毫米，熟时棕色，光滑；花柱基三角形，基部具领状的环，宽约为小坚果的 1/2；柱头 3。

生于水田。安徽各地栽培。

球茎可食用；也可药用，清热、止渴、利湿、化痰、消积、降血压。地上部分有清热、利尿功效。

水蜈蚣

拉丁名：*Kyllinga brevifolia* Rottb.

科 属：莎草科水蜈蚣属

别 名：三夹草、顶棍草

花果期：5—9月

物语：水蜈蚣细长匍匐的地下茎，长着褐色的须根，看起来极似蜈蚣，又因喜生水边，故得其名。专治乳糜尿、乳糜血尿的中药"水蜈蚣颗粒"即由此草制成。

多年生草本，高7厘米—25厘米。秆散生，细弱，扁三棱柱形，平滑。根状茎细长、匍匐，被褐色鳞片。叶短于或等长于秆，柔弱，宽2毫米—4毫米，边缘和背面中肋上粗糙。叶状苞片3，长度极不等，后期常向下反折；穗状花序单一，顶生，近球形，长5毫米—10毫米，宽相近，有多数密生的小穗，小穗矩圆状披针形，扁压，长约3毫米，鳞片4—5枚，具1朵两性花；鳞片膜质，具锈色斑点；雄蕊3—1，花药线形。小坚果倒卵形，扁双凸状，淡褐色，表面具密细点；花柱细长；柱头2。

生于路旁、田边和沟塘边湿地。产安徽各地。

全草药用，疏风解表，清热利湿，祛瘀消肿，止咳化痰。

毛轴莎草

拉丁名： *Cyperus pilosus* Vahl

科　属： 莎草科莎草属

别　名： 三合草

花果期： 8—10月

物语： 三棱粗秆三线叶，毛轴聚穗穗飞花。
年来不肯望秋水，欲成纸席进人家。

一年生或多年生草本，匍匐根状茎细长，被有淡褐色鳞片。秆散生，粗壮，高30厘米—70厘米，锐三棱形，上部稍粗。叶短于秆，宽线形，平张，宽6毫米—8毫米，边缘粗糙；叶鞘短。苞片3，叶状，边缘粗糙，长于花序；长侧枝聚伞花序复出；第一次辐射枝3—10个，不等长，最长的达10厘米；第二次辐射枝较短，聚成金字塔形；穗状花序由多数小穗呈2行排列、疏松，卵状圆柱形，长2厘米—3厘米，宽1厘米—2厘米，无总花梗，花序轴密生黄色短硬毛；小穗线状披针形，长5毫米—10毫米，宽约2毫米，有8—18朵小花；小穗轴具白色透明的狭翅；鳞片稍疏松排列，先端有短尖头；雄蕊3，花药短，线形，药隔于顶端稍突出，红色。花柱短，有棕色斑点，柱头3。小坚果宽椭圆形或倒卵形，三棱形，长约1毫米，先端具短尖，熟时暗褐色。

生于湖、塘边湿地和水田中。产沿江各地及皖南地区。

秆可用于造纸和编织草席等。

聚穗莎草

拉丁名：*Cyperus glomeratus* L.

科　属：莎草科莎草属

别　名：头穗莎草、球形莎草

花果期：6—10 月

一年生草本，具须根。秆散生，粗壮，高 50 厘米—90 厘米，钝三棱柱形，下部具少数叶，基部鞘松弛。叶短于秆；叶鞘长，红棕色。叶壮，长于花序；长侧枝聚伞花序复出，长短不等，最长的可达 12 厘米。小穗紧密排列成卵圆形或矩圆形的穗状花序，稀辐射枝短缩而成头状；小穗线状披针形或线形，近扁平。雄蕊 3，花药短，矩圆形，药隔于顶端突出、暗血红色。小坚果矩圆状三棱形，灰色，具明显的网纹；花柱长；柱头 3，较短。

生长于水边湿地。产安徽多地。

开花前叶可作饲料。茎叶纤维可造纸。

物语：穗聚秆顶密密语，风送秋水低低言。此生只为随他用，但求身归有缘人。

莎　草

拉丁名：*Cyperus rotundus* L.

科　属：莎草科莎草属

别　名：香附子

花果期：6—10 月

物语：断茎、断根须，莎草无所畏惧，只要它的块茎香附子还在，莎草的生命就依然可以存续，而且不出几天，又是葳蕤（wēi ruí）一大片。

多年生草本，根状茎匍匐、细长，具椭圆状块茎。秆较纤细，高 15 厘米—65 厘米，锐三棱柱形，平滑，下部多叶。叶短于或长于秆；叶鞘棕色，常分裂成纤维状。苞片 2—4，叶状，长于花序；长侧枝聚伞花序复出或简单，具 3—8 个不等长的辐射枝，上部具 3—10 个小穗，近 2 行排列，斜展；小穗线状披针形，长 10 毫米—30 毫米，宽不及 2 毫米，稍扁，有 10—36 朵花；小穗轴有白色透明的宽翅；鳞片呈稍密覆瓦状排列；雄蕊 3，花药线形，药隔于顶端突出；小坚果矩圆状倒卵形，三棱形，熟时黑色。

生于路旁、田野、沟塘边。广布安徽各地。

块茎药用，名“香附子”，疏肝理气，镇痛，健胃，又为妇科用药；还可提取香附油及作香料。嫩叶可作饲料。茎纤维可代麻。

碎米莎草

拉丁名： *Cyperus iria* L.

科　属： 莎草科莎草属

花果期： 6—10月

物语： 纤纤绿茎红紫鞘，穗扁方成碎米草。
护堤何需论高低，面向清波一样笑。

一年生草本，高10厘米—60厘米，具须根。秆丛生，纤细，扁三棱柱形，平滑。叶基生，较秆为短或与其近等长，线形，宽2毫米—4毫米，平张或折合；叶鞘红棕色或褐色、紫色。苞片3—5，叶状，下部的显著长于花序；长侧枝聚伞花序复出或简单，具4—9个不等长的辐射枝，最长的达12厘米，每枝有3—8个穗状花序；穗状花序矩圆状卵形，长1厘米—4厘米，具5—22个小穗，排列松散，斜展；小穗线状矩圆形，扁压，长5毫米—10毫米，宽约2毫米，有6—22朵花；小穗轴近无翅；鳞片排列疏松，上部边缘白色透明；雄蕊3，花药短，矩圆形，药隔不突出。小坚果稍短于鳞片，椭圆状或倒卵状三棱形，长1毫米—1.5毫米，侧面凹，具短柄，褐色，有光泽，密生微突起细点；花柱短；柱头3。

生于沟边、田间、荒地较潮湿处。产安徽各地。

风车草

拉丁名： *Cyperus alternifolius* L.

科　属： 莎草科莎草属

花果期： 6—11 月

多年生草本，根状茎粗短，本质，须根坚硬。秆丛生，粗壮，不明显三棱柱形，下部近圆柱形，上部稍粗糙，基部附有棕色无叶的鞘。叶鞘淡绿色，长 10 厘米—20 厘米，鞘口斜截形。苞片叶状，多达 20 枚，长约为花序的 2 倍，辐射伸展，最后外弯；长侧枝聚伞花序多次复出，第一次辐射枝发出 4—10 个第二次辐射枝，有多数小穗在其顶端密集成近头状的穗状花序；小穗椭圆形或矩形状被披针形，扁压，有 6—30 朵花，淡绿色；小穗轴无翅；鳞片呈紧密覆瓦状排列；雄蕊 3。小坚果倒卵状椭圆形或宽倒卵形，近三棱形，长为鳞片的 1/3—1/4，熟时褐色，花柱与小坚果近等长；柱头 3。

生于池塘、湖泊、河流的浅水处。安徽湿地公园多有栽培。

可供观赏。

物语： 似风车，也如绿伞，风车草在民间还被称为“旱伞草”。它原产非洲，是很好的水景植物，也具有明显的污水净化能力。

褐穗莎草

拉丁名：*Cyperus fuscus* L.

科　属：莎草科莎草属

别　名：密穗莎草

花果期：7—9 月

物语：褐穗莎草的秆矮、棱扁、叶细弱，可侧枝上的聚伞花序很精致，小穗褐紫色，与绿茎相映成趣。有些地方把它作为观赏植物。

一年生草本，具须根。秆丛生，高 5 厘米—20 厘米，扁三棱柱形，基部有少数叶。叶平张或有时折合，柔弱；叶鞘带褐紫色。苞片 3—5，叶状，长于花序，开展，最后反折；长侧枝聚伞花序复出或有时简单，具 3—8 个长短不等的辐射枝，最长的达 3 厘米；小穗 5—10 个聚集成近头状，花序轴具棱；小穗线状披针形，近平展，稍扁压，有 8—24 朵花；鳞片呈较密覆瓦状排列，中间黄绿色，两侧深紫色或褐色；雄蕊 2；小坚果稍短于鳞片，椭圆状三棱形，淡黄色；花柱短；柱头 3，短。

生于稻田、河沟水边。产江淮之间及淮北等地。

球穗扁莎

拉丁名：*Pycreus flavidus* (Retz.) T.Koyama

科　属：莎草科扁莎草属

花果期：6—10 月

一年生或多年生草本，根状茎短。秆丛生，高 5 厘米—50 厘米，坚硬而挺直，三棱柱形，平滑，一面具沟，下部有少数叶。叶片线形，通常长于秆，折合或平张；叶鞘长，褐红色。苞片叶状，2—4，最下的 1 片长于花序；长侧枝聚伞花序简单，有 2—5 个不等长的辐射枝；每个辐射枝顶端有 2—20 多个小穗，集聚成球形，作辐射状展开；小穗较窄而短，具 8—14 朵花；小穗轴近四棱形，两侧有横隔的槽；鳞片成 2 行略疏松地排列，棕色或棕褐色，3 脉，边缘白色透明膜质；雄蕊 2，花药短，矩圆形；小坚果倒卵形或倒卵状矩圆形，双凸状，先端有短尖，褐色或暗褐色。柱头 2。

生于沟塘边湿地。产淮河以南地区。

物语：丛丛茎秆挺挺立，穗穗细花球球开。
此生不负劲草命，何需侧耳听短长？

垂穗苔草

拉丁名： *Carex dimorpholepis* Steud.

科　属： 莎草科苔草属

别　名： 二形鳞苔草

花果期： 4—7月

多年生草本，根状茎丛生，具须根。秆高40厘米—60厘米，锐三棱柱形。叶短于或等长于秆，平张，宽3毫米—7毫米。小穗4—6，上部的接近，下部的疏远，具纤细的花序梗，顶生小穗雌雄顺序，棍棒形，长2.5厘米—5厘米；雌性部分径约5毫米，雄性部分径3毫米—4毫米，侧生小穗雄性，通常上部的2—3枚其基部具少数雄花，圆柱形，长2厘米—4（6）厘米，径5毫米—6毫米，具密生的花，下部的花序梗较长，上部的较短，极粗糙；苞片叶状，下部的2—3枚长于花序，上部的刚毛状，无鞘；雌花鳞片倒卵状矩圆形，长2毫米—2.5毫米（除芒），背部绿色，3脉，两侧白色膜质，疏具锈色短条纹，顶部截形、微凹，具粗糙的芒；果胞宽卵形，长于鳞片且较宽，长3毫米—3.5毫米，扁压、平凸状，淡红棕色或黄褐色。小坚果松弛地包于果胞中，宽倒卵形，扁压双凸状，长约2毫米，淡黄褐色，密具突起细点；花柱直，基部增厚；柱头2。

生于河沟、池沼边，产江淮之间及皖南等地。

物语： 垂垂一穗苔，谦谦君子心。
只逐春光好，何必在江南？

芒尖苔草

拉丁名： *Carex doniana* Spreng.

科　属： 莎草科苔草属

别　名： 签草

花果期： 4—10 月

多年生草本，根状茎具细长匍匐枝，秆高 40 厘米—70 厘米，粗壮，锐三棱柱形。叶与秆近等长，平张，宽 5 毫米—13 毫米，干时外卷，下面灰绿色，密生细小乳头状突起，基部叶鞘淡黄褐色，常呈网状细裂。径约 2 毫米，无梗或具短梗，直立，具多数密生的花，上部的苞片刚毛状，下部的叶状，长于花序，无鞘；雌花鳞片椭圆状披针形，长约 2 毫米，苍白色，背部绿色，3 脉，先端具芒状尖头，雄花鳞片披针形，先端锐尖；果胞斜伸展，椭圆状卵形，稍膨胀三棱形，长 3.5 毫米—4 毫米，膜质，淡绿色，散生淡褐色斑点，无毛，具多数脉，基部钝圆，上部渐狭成中等长稍外弯的喙，口部白色，具 2 小齿；小坚果松弛地包于果胞中，卵圆状三棱形，长 1.5 毫米—2 毫米，顶端具微弯的短喙；花柱基部增厚；柱头 3，长约 4 毫米， 宿存性。

生于山坡林缘、溪边湿地。产皖南等地。

物语： 临波密密绿成行，只为青萍当风墙。
年年抱签年年盼，何时清水戏鸳鸯？

再力花

拉丁名：*Thalia dealbata*

科　属：竹芋科水竹芋属

别　名：水竹芋、水莲蕉

花果期：8—11月

多年生挺水草本，株高2米—3米，具根状茎。叶片呈卵状披针形，长约50厘米，被白粉，灰绿色，革质，全缘，叶鞘大部分闭合；全株附有白粉。复总状花序，花梗长，花小，紫堇色，成对排成松散的圆锥花序，苞片常凋落。

生于池塘、湖边等浅水处。安徽多地公园引种。

可作水体绿化与观赏植物，亦可净化水质。

物语：再力花产自美洲，有“水上天堂鸟”之誉。近年来在湿地造景中广泛使用，也作为生态修复植物受到学者的关注。

参考文献

1. 安徽植物志协作组 . 安徽植物志（1—5 卷）[M]. 合肥：安徽科技出版社，1985 —1992

2.FRPS《中国植物志》全文电子版网站 . 中国植物志［DB—OL］.http：//frps.eflora.cn/

3. 施葵初 . 安徽湿地 [M]. 合肥：合肥工业大学出版社，2003:33—69

4. 张小平 . 湿地高等植物图志 [M]. 北京：中国林业出版社，2011

5. 李强 . 湿地植物 [M]. 广州：南方日报出版社，2010

6. 朱强 . 中国常见野花 200 种原色图鉴 [M]. 南京：江苏科学技术出版社，2013

7. 苏黎 . 中国的野菜 [M]. 南昌 : 江西科学技术出版社，2010

8. 车晋滇 . 中国外来杂草原色图鉴 [M]. 北京 : 化学工业出版社，2010

9. 黄燮才 . 常用中草药识别与应用 [M]. 北京 : 化学工业出版社，2003

10. 李慧 . 常见杂草识别与防除原色图谱 [M]. 北京：中国农业出版社，2009

11 佚名 . 诗经 [M]. 王秀梅译注，北京 : 中华书局，2006

12. 潘富俊 . 楚辞植物图鉴 [M]. 上海：上海书店出版社，2003

13.(唐) 陈藏器 .《本草拾遗》辑释 [M]. 尚志钧辑释, 合肥: 安徽科技出版社，2004

14.(明) 李时珍 . 本草纲目 [M]. 南京：江苏人民出版社，2011

15. (明) 徐光启 . 农政全书 [M]. 石声汉点校，上海：上海古籍出版社，2011

16.(清) 赵学敏 . 本草纲目拾遗 [M]. 北京：中国中医药出版社，2007

17. 倪根金 .《救荒本草》校注 [M]. 北京：中国农业出版社，2008

18.［美］霍尔姆斯・罗尔斯顿 . 哲学走向荒野 [M]. 长春 : 吉林人民出版社，2000

19.［美］迈克尔・波伦 . 植物的欲望 [M]. 王毅译，上海：上海人民出版社，2005

20. 杨邦杰等 . 中国湿地保护现状、问题域策略 [J]. 中国发展，2011（1）：1—6

21. 张彭松 . 从自然主义概念的变迁看环境伦理与生态伦理的差异 [J]. 自然

辩证法研究，2012(8):108—113

22. 于曦 . 槐叶蘋对高营养化水体生态恢复的研究 [D]. 天津 : 天津师大硕士学位论文，2007

23. 柳升平 . 凤眼莲、槐叶萍、水花生对污水中氮磷的吸收能力分析 [J]. 江西农业学报 2012（9）：157—158

24. 胡菊芳 . 梭鱼草在人工湿地中的生长和污水净化效果研究 [D]. 广州：华南师大硕士学位论文，2010

25. 李慧敏等 . 旱稻 (Oryza sativa) × 长芒稗 (Echinochloa caudata) 远缘杂交后代结实率及杂种优势分析 [J]. 核农学报，2003（1）:11—15

26. 卫斯 . 试论中国粟的起源、驯化与传播 [J]. 古今农业，1994（2）：6—16

27. 靖元孝等 . 风车草对生活污水的净化效果及人工湿地的应用 [J]. 应用与环境生物学报，2002（6）：614—617

28. 谢丹平等 . 再力花处理河涌和湖泊水样有机污染物及离子的特性 [J]. 生态科学，2012（2）：127—132

29. 杨旻等 . 富营养化水体生态修复中水生植物的应用研究 [J]. 环境科学与技术，2007（7）：98—101

30. 孙志明 . 黄花蒿中青蒿素抗癌作用研究进展 [J]. 中国医药导刊，2010（11）：1933—1934

后 记

从起意编一本自己拍摄的湿地植物图书，到最终完成这项工作，前后历时三年。三年来，除了完成自己份内的教学、科研及其他工作外，我的业余时间几乎都花在了这里。这是个非常辛苦又充满快乐的过程。期间，虽然有摄影技术不佳总也拍不出理想照片的沮丧，有陷入沼泽与跌落深沟的危险，有只身一人在乡郊野外摸不出芦苇荡的迷路，有驱车数百里却怎么也找不到拍摄对象时的失望，有顶风冒雨与战酷暑吃干粮的艰苦，有拍得图片却辨识不出的疑惑，但这些过往并不曾遮蔽和减少这个过程所带来的种种快乐。

这个快乐的过程令我过足了花瘾。我对花草的喜爱可以溯源到童年。上世纪 60 年代初，母亲早年工作的单位迁址到吴敬梓纪念馆，那里松、竹、梅一应俱有，月季花开不断，锦葵花色艳丽，丛丛簇簇。大院正中的雨量器四周，是遍地的白花葱兰。拾阶而下的荷花塘，半抱着大院。往南，则是一路杏花，直通四季葳蕤的南屏山。家与单位一体，是那个时代的特色，正是在那样的环境里，我度过了难忘的童年。种花，是童年的一大乐事；盼望花开，却是童年最难熬的等待。还记得第一次等待凤仙花开时的焦急，从花蕾初绽，就急不可耐地呼朋唤友来家赏花，一天数趟探望，巴不得直接用手撕开萼片让花瓣快快开放以饱眼福，连夜晚也不肯睡去，打着手电，走马灯般地殷勤探看，唯恐错失花开的瞬间。等到天亮，凤仙终于精精神神地开出一朵精致的紫花，主人却因一夜的折腾还睡在梦里。等几棵凤仙都陆续盛放时，再摘来野地里的苘麻叶，往碾碎的凤仙花瓣里加点儿明矾，染红指甲的快乐就开始了。这种持久的对花的喜爱，在我跋涉多地拍摄湿地花草和从万余张照片中挑选出符合选题思想的那些图片时得到了最充分的满足，也是推动我完成此书的一个兴趣上的动力。

湿地植物的拍摄与风关系密切，水面越宽阔越容易生风，水边植物也就越难拍，任何一丝微风都可能会模糊微距拍摄的画面；而有些时候，为了表现水边植物的摇曳和顽强姿态，又需要风的配合，所以等风，是湿地拍摄过程中最诗意的等待。等风过后的那一刻平静，等风起时的那一瞬生动，都是自然赐给耐心人的快乐。而在两阵风之间捕捉一个清晰的画面，更像是人与自然之间的快乐游戏。夜阑人静，经过反反复复地与植物志比对，而终可确认所拍图片是何种植物时，则可体验另一种柳暗花明的喜悦，也是一种日有所进的快乐。

在沿江流域安庆地区的湿地植物拍摄过程中，我特别邀请了母亲一同参加。她和父亲一生都工作在水利部门，对水库、闸坝、河渠、堤防等水利设施了如指掌。在位于属于长江水系皖河支流上的花凉亭水库，在望江排灌站，在宿松华阳河闸，母亲重游故地，感慨万千。在华阳闸边的那段江堤，我们坐看江涛拍岸，红蓼蔓滩，江鸥盘旋鸣唱，小鸟踱步于牛背，不由得生出对父亲的缅怀之情。当年父亲在地区防汛抗旱指挥部工作，辖区内的很多水利设施都曾是他常年出差的地点，我们所在之地正是父亲从前抢险救灾过的地方。在那里，我们再次听到父亲爽朗的笑声。母亲对我的拍摄有很多好建议，也是很好的拍摄助手，比如她在我拍摄紫萍时铺设了一片绿色的莲叶做为背景，把紫萍背面的紫色凸现出来，突出了此植物的重要特征。她也由此开始学习摄影，此书中我特别选用了她亲自拍摄的宝盖草照片。此后她还慢慢学会了电脑操作，甚至能够使用 QQ 传送照片。母亲也在我的拍摄与图片整理过程中得到了快乐。

每一次走近湿地的花花草草，总能有意想不到的收获，这既是一个审美的过程，也是一个文化激荡的过程。有时是踏破铁鞋终得一见的开心，有时是远离尘嚣回归田园的怡然，有时是对自然之美的沉醉和对自然造物的惊叹，有时是受到那些生命力极强的植物的震撼和启迪。一些跟踪拍摄的植物，还会引发自己更多的触动和思考。观察萝藦从春天发芽到爬藤，再到夏季开花，中秋结荚，直至深秋自备降落伞一般的种子四处飘散的过程，可见出生命应有的从容和内在的完满。在对多年生草本千屈菜连续两年的观察中，发现在野外的同一片地域，千屈菜头年花繁叶茂，第二年却稀稀疏疏。都说年年岁岁花相似，岁岁年年人不同，其实，花与人一样，也是一年自有一年的差异，所以岁月等不得。我们常说命如草芥，那是对生命的伤感与哀叹，如果生命真如草芥，那一定可以获得雀稗、牛筋草那样的生命力，可以在自然质朴的繁衍中，平静豁达地体现自己的价值。也或许可以像苜蓿，即使在土壤干涸的情况下，也可以根入地下十数米以求生存，和那些在现有认知状况下被认为是有害植物的花草一样，都具有生命的自觉。尊重生命，敬畏生命，是我拍摄湿地植物过程中不断得到强化的理念。正是基于这个认识，我在拍摄植物时尽己可能地不去干扰和破坏它们的生长。另外，在对我国第五大淡水湖巢湖湿地连续三年的拍摄中，我也亲身体会了政府陆续投入几百亿治污资金所带来的明显效果，前年夏季拍摄巢湖义城湿地时四处臭气熏天的水面现已大有改善，水生植物增多，水质得到提高。

本书的编著过程也凝聚了众人的心血。植物分类工作由我校何金铃副教授在百忙中帮助完成。安徽中医药大学的王德群教授、安徽师范大学的周守标教授后期也给予了帮助。吴虹女士、陆方欢女士、周晓森先生，分别为豆茶决明、水竹、千屈菜、再力花、薄荷植物贡献了部分图片。同事贾名党博士帮助收集了安徽湿地的部分资料。我的五位研究生，乔镜如、魏婷婷、谭动良、余江海、王晶同学参与了科普文字的录入工作。在此，一并呈上最诚挚的谢意!

对先生天宏的感谢也写在这里，谢谢他肯牺牲节假日做我的车夫，肯在荒郊野外耐心地守候，肯听我沉浸在花草中的唠叨，并能不断提出一些很好的建议。

诚如序言所言，本书的编著还留有很多遗憾，也存在诸多不足，敬祈读者朋友们纠缪指正！也希望通过不断的学习，能为生态文化的传播，继续尽一份心力。

另外，需要特别提示的是，敬请读者朋友们在尝试本书植物的医食用途时谨遵医嘱。

吴惠敏

二〇一四年八月十四日于安徽农业大学